网页设计与制作研究

宋丽芳　曹瑞燕　著

吉林科学技术出版社

图书在版编目（CIP）数据

网页设计与制作研究 / 宋丽芳，曹瑞燕著. -- 长春：
吉林科学技术出版社，2020.4
ISBN 978-7-5578-6978-6

Ⅰ．①网… Ⅱ．①宋… ②曹… Ⅲ．①网页制作工具
Ⅳ．① TP393.092.2

中国版本图书馆 CIP 数据核字（2020）第 050969 号

网页设计与制作研究

著　者	宋丽芳　　曹瑞燕	
出 版 人	宛　霞	
责任编辑	李思言	
封面设计	李　宝	
制　版	宝莲洪图	
开　本	185mm×260mm	
字　数	290 千字	
印　张	13	
版　次	2020 年 4 月第 1 版	
印　次	2020 年 4 月第 1 次印刷	
出　版	吉林科学技术出版社	
发　行	吉林科学技术出版社	
地　址	长春市福祉大路 5788 号出版集团 A 座	
邮　编	130118	
发行部电话/传真	0431—81629529　　81629530　　81629531	
	81629532　　81629533　　81629534	
储运部电话	0431—86059116	
编辑部电话	0431—81629517	
网　址	www.jlstp.net	
印　刷	北京宝莲鸿图科技有限公司	
书　号	ISBN 978-7-5578-6978-6	
定　价	70.00 元	

前 言

  Internet是世界上最大的网络信息资源库，Web页面则是信息发布和获取的重要途径。因此，学习和掌握Web页面的设计与制作已成为对网络信息提供者最基本的要求。

  随着互联网的深入发展，作为承载电子商务模式的网站也在不断细化，传统网站经过对功能和模式的革新，逐步转变为具备更多营销导向和商业创新元素的商务网站。尽管技术不断提升、模式日益优化、页面布局不断创新、用户体验臻于完美，但它们都无法撼动传达站点价值的网站内容的核心地位。因此，我们尝试将商务网站的相关内容加以归类和整理，提供一本有关于综合类网站网页设计与制作的教材。

  本书采用项目引导、任务驱动的编写方式，共设置八大项目。各项目的具体内容及安排如下：

  项目一主要介绍Internet的起源、发展以及web页面与Internet的关系，HTML元素的结构和HTML文档的基本结构以及进行页面编辑的基本方法。简单介绍常用的网页制作工具FrontPage、Dreamweaver，网页图形处理工具Photoshop、Fireworks，网页动画制作工具Flash。

  项目二对网站优化建设作了基本概述，介绍了网站营销站点建设的情况，介绍了网站易用性研究，网站优化及网站建设市场分析。通过对这些知识的学习和了解，能够掌握网站建设的一般要素；掌握网站优化的含义及方法；掌握网站诊断的方法；诊断网站的建设及运行状况；了解网站易用性的含义；了解企业网站的建设状况。

  项目三通过制作一个小型企业网站的首页，介绍网页设计的基本流程，如网站功能设计，网页草图的制作、切片及导出，域名空间的申请及网页的制作与上传等。

  项目四主要讲述了表格的标记和属性、表格的创建、表格的基本操作及使用布局表格和布局单元格设计网页等内容。最后以实例的形式介绍了布局视图在网页布局中的应用。学习表格的一些基本知识和使用技巧。

  项目五阐过使用AP元素和Spry框架制作一个个人网站，重点是首页和"关于自己"子页的制作，读者可考照自行制作其他子页。

  项目六的学习应掌握表单的构成、表单的创建、表单属性的设置、表单元素的创建及属性设置、 插入文本框、插入复选框与单选按钮、插入按钮、插入列表与菜单及操作方法等内容。并通过实例，使大家加深了对表单功能的理解。

项目七以河南方通化工有限公司网站为例介绍企业网站的设计，如何使用动态技术设计网站的新闻和产品发布管理系统。

通过项目八的学习可以了解网络原创内容的形式及特点常用采访方式及特点；熟知网络稿件(消息)的结构，理解网络稿件(消息)的写作要求；掌握实地采访、电话采访、电子邮件采访、即时通信工具采访、BBS和聊天室采访的具体方法和过程，网络稿件(消息)的写作方法和技巧。

本书由长治职业技术学院宋丽芳、曹瑞燕共同编写完成。具体编写分工如下：宋丽芳编写了项目一至项目四（共计15万字）；曹瑞燕编写了项目五至项目八（共计15万字）。

由于编者学识有限，时间仓促，本书在很多方面还需要进一步提高和改进，不足和错误之处，敬请广大读者批评指正。

编　者

目 录

项目一   网页制作基础知识

【 项目提要 】

本项目主要介绍Internet的起源、发展以及web页面与Internet的关系，HTML元素的结构和HTML文档的基本结构以及进行页面编辑的基本方法。简单介绍常用的网页制作工具FrontPage、Dreamweaver，网页图形处理工具Photoshop、Fireworks，网页动画制作工具Flash。

任务一   Internet互联网

一、Internet简介

随着新闻媒体对"信息高速公路"的宣传和介绍，相信大多数人都会接触过一些有关Internet的报道，对Internet这一外来词不会陌生，但解释清楚它到底是什么，就必须从它的起源和发展说起。

1. Internet的起源

Internet是在美国较早的军用计算机网ARPANET的基础上经过不断发展变化而形成的。Internet的起源主要可分为以下几个阶段。

●Internet的雏形形成阶段   1969年，美国国防部研究计划管理局(ARPA——Advanced Research Project Agency)开始建立一个命名为ARPANET的网络，当时建立这个网络的目的只是为了将美国的几个军事及研究机构用电脑主机连接起来，人们普遍认为这就是Internet的雏形。

发展Internet时沿用了ARPANET的技术和协议，而且在Internet正式形成之前，已经建立了以ARPANET为主的国际网，这种网络之间的连接模式，也是随后Internet所用的模式。

●Internet的发展阶段   美国国家科学基金会(NSF)在1985开始建立NSFNET。NSF规划建立了15个超级计算中心及国家教育科研网，用于支持科研和教育的全国性规模的计算机网络NSFNET，并以此作为基础，实现同其他网络的连接。NSFNET成为Internet上主要用于科研和教育的主干部分，代替了ARPANET的骨干地位。

1989年，MILNET(由ARPANET分离出来)实现和NSFNET连接后，就开始采用Internet这个名称。自此以后，其他部门的计算机网相继并入Internet，ARPANET就宣告解散。

●Internet的商业化阶段　　始于20世纪90年代初，商业机构开始进入Internet，使Internet开始了商业化的新进程，也成为Internet大发展的强大推动力。

1995年，NSFNET停止运作，Internet已彻底商业化了。

这种把不同网络连接在一起的技术的出现，使计算机网络的发展进入一个新的时期，形成由网络实体相互连接而构成的超级计算机网络，人们把这种网络形态称为Internet(互联网络)。

2. Internet的发展

随着商业网络和大量商业公司进入Internet，网上商业应用取得高速发展，使Internet能为用户提供更多的服务，从而推动Internet迅速普及和发展起来。

现在Internet已发展为多元化，不仅仅单纯为科研服务，也正逐步进入到日常生活的各个领域。近几年来，Internet在规模和结构上都有了很大的发展，已经发展成为一个名副其实的"全球网"。

网络的出现，改变了人们使用计算机的方式；而Internet的出现，又改变了人们使用网络的方式。Internet使计算机用户不再被局限于分散的计算机上，使他们脱离了特定网络的约束。任何人只要进入了Internet，就可以利用网络中各种计算机上的丰富资源。

3. 什么是Internet

Internet是一个全球性的计算机互联网络，中文名称为"国际互联网""因特网""网际网"或"信息高速公路"等，它是将不同地区而且规模大小不一的网络互相连接而成。所有人都可以通过网络连接来共享和使用internet中的各种资源。

4. 中国的Internet

我国于1994年4月正式连入Internet，中国的网络建设进入了大规模发展阶段。到1996年初，中国的Internet已形成了四大主流体系，如图1-1所示。

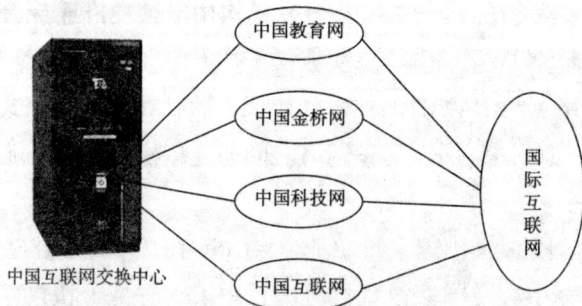

图1-1　中国的Internet

为了规范Internet发展，1996年2月国务院令第195号《中华人民共和国计算机信息联网国家管理暂行规定》中明确规定只允许中国科技网(CSTNET)、中国教育网

(CERNET)、中国互联网(CHINANET)、金桥信息网(CHINAGBN)四家互联网络拥有国际出口。前两个网络主要面向科研和教育机构，后两个网络则是以经营为目的，属于商业性的Internet。同时由四家单位管理Internet的国际出口，它们分别是：中国科学院、邮电部、国家教委、电子工业部。前面提到的国际出口是指互联网络与国际Internet连接的断口及通信线路。

二、Internet的服务功能

Internet实际上是一个应用平台，在它的上面可以开展很多种应用，下面从七个方面来说明Internet的功能。

1. 信息的获取与发布

Internet是一个信息的海洋，通过它我们可以得到无穷无尽的信息，其中有各种不同类型的书库和图书馆，杂志期刊和报纸。网络还为我们提供了政府、学校和公司企业等机构的详细信息和各种不同的社会信息。这些信息的内容涉及社会的各个方面，包罗万象，几乎无所不有。我们可以坐在家里就能了解到全世界正在发生的事情，也可以将自己的信息发布到Internet上。

2. 电子邮件(Email)

平常的邮件一般是通过邮局传递，收信人要在信件寄出几天后(甚至更长时间)才能收到来信。电子邮件和平常的邮件有很大的不同，电子邮件的写信、收信、发信都在计算机上完成，从发信到收信的时间以秒来计算，而且电子邮件几乎是免费的。同时，在世界上任何地方，只要可以上网，都能收到发给你的邮件，而不像通常意义上的邮件，必须回到收信的地址才能拿到信件。

3. 网上交际

网络可以看成一个虚拟的社会空间，每个人都可以在这个网络社会上充当一个角色。Internet已经渗透到大家的日常生活中，我们可以在网上与别人聊天、交朋友、玩网络游戏，"网友"已经成为一个使用频率越来越高的名词，这个网友我们可以完全不认识，他(她)可能远在天边，也可能近在眼前。网上交际已经完全突破了传统的交友方式，世界上任何不同性别、年龄、身份、职业、国籍、肤色的人，都可以通过Internet而成为好朋友，他们可以跨越时空和地域进行交流。

4. 电子商务

在网上进行贸易已经成为现实，而且发展得如火如荼，例如，可以开展网上购物、网上商品销售、网上拍卖、网上货币支付等商务活动，而且在海关、外贸、金融、税收、销售、运输等方面也得到了广泛应用。电子商务现在正向一个更加纵深的方向发展，随着社会金融基础设施及网络安全设施的进一步健全，电子商务将在世界上引起一轮新的革命。

5. 网络电话

近年来，中国电信、中国联通等公司相继推出IP电话服务，它的长途话费大约只相当于传统电话费用的三分之一。IP电话卡已成为一种很流行的电信产品而受到人们的普遍欢迎。IP电话凭什么能够做到这一点呢?原因就在于它基于Internet技术，是一种网络电话。现在市场上已经出现了多种类型的网络电话，还有一种网络电话，它不仅能够听到对方的声音，而且能够看到对方，还可以是几个人同时进行对话，这种模式也称为"视频会议"。Internet在电信市场上的应用将越来越广泛。

6. 网上事务处理

Internet的出现将改变传统的办公模式，我们可以在家里上班，然后通过网络将工作的结果传回单位;出差的时候，不用带上很多资料，因为我们随时都可以通过网络回到单位提取需要的信息，Internet使全世界都可以成为我们办公的地点。实际上，网上事务处理的范围还不只包括这些。

7. Internet的其他应用

Internet还应用在其他很多方面，例如，远程教育、远程医疗、远程主机登录、远程文件传输等。

总而言之，在信息世界里，以前只有在科幻小说中出现的各种现象，现在已经在慢慢地成为现实。Internet还处在不断发展的状态，谁也预料不到，明天的Internet会变成什么样子。

三、 Internet与Web页面

要了解什么是Web页，首先应先了解什么是WWW。

WWW是World Wide Web(环球信息网)的缩写，也可以简称为Web，中文名字为"万维网"，是Internet的多媒体信息查询工具，也是发展最快和目前应用最广泛的服务。因为有了WWW工具，才使得Internet迅速发展，且用户数量飞速增长。

WWW解决了远程信息服务中的文字显示、数据链接以及图像传递的问题，使得WWW成为Internet上最为流行的信息传播方式。WWW中的信息资源主要由一篇篇的Web文档(Web页)为基本元素构成。这些Web页采用超级文本(Hyper Text)的格式，即可以含有指向其他Web页或其本身内部特定位置的超级链接，或简称链接。可以将链接理解为指向其他Web页的"指针"，链接使得Web页交织为网状。如果Internet上的Web页和链接达到一定数量，就构成了一个巨大的信息网。

当用户从WWW服务器取得一个文件后，用户需要在自己的屏幕上将它正确无误地显示出来。由于将文件存入WWW服务器的人并不知道将来阅读这个文件的人究竟会使用哪一种类型的计算机或终端，要保证每个人在屏幕上都能读到正确显示的文

件，必须以一种各类型计算机或终端都能"看懂"的方式来描述文件，于是就产生了HTML——超文本语言。

HTML(Hype Text Markup Language)的正式名称是超文本标记语言。HTML对Web页的内容、格式及Web页中的超级链接进行描述，而Web浏览器的作用就在于读取Web网点上的HTML文档，再根据此类文档中的描述，组织并显示相应的Web页面。

任务二　网页设计基础语言HTML概述

HTML(Hyper Text Markup Language，超文本标记语言)是一种用来制作超文本文档的简单标记语言。用HTML编写的超文本文档称为HTML文档，它能独立于各种操作系统平台(如UNIX、WINDOWS等)。自1990年以来，HTML就一直被用作World Wide Web上的信息表示语言，用于描述Homepage的格式设计和它与WWW上其他Homepage的链接信息。

一、HTML 语言及其特点

由于HTML语言是标记性的语言，它在浏览器中是解释执行的，无需编译，因而HTML语言编写的文档适合在各种浏览器中进行浏览，这就决定了HTML适合多种操作系统平台，它的文档都是独立于某一个平台，并对多个平台兼容。我们只要使用一个相应平台下的浏览器就可以实现任何平台网络文档的阅读。

组成HTML的文档都是ASCII文档，所以创建HTML文件十分简单，只须一个普通的字符编辑器即可，如Windows中的记事本。也可以采用专用的HTMIL编辑工具：如Coffee HTML，Homesite，HTMLedit Pro等工具，它们的特点是能够自动检查HTML文档中的语法错误并协助改正。

目前，HTML语言已经发展到了5.0版本，它的功能也在不断地发展壮大，下面简单介绍一下HTML语言的基本功能。

（1）出版联网文档，这种文档也包含标题、文字、表格、图像以及声音和影视文件等。

（2）通过超文本链接可以检索和阅读联网信息。

（3）使用HTML语言可以将Internet上不同区域的服务器上的资源链接起来，从而达到资源共享的目的。

（4）设计交易单(FORM/form)。这是一种用来从读者处收集信息的Web文档，可以与远程服务单位做交易。

（5）通过HTML与网络数据库的链接，使得用户可以在网上进行方便的数据查询。

近些年来，许多公司开发了图形化的HTML开发工具，使得网页的制作变得非常简单，如微软公司推出的Mcerosoft FrontPage，Adobe公司推出的Adobe Pagemill，Macromedia公司推出的Drearmweaver等编辑工具，都被称为"所见即所得"的网页制作工具。这些图形化的开发工具可以直接处理网页，而不用书写费劲的标记。这使得用户在没有掌握HTML语言基础的情况下，同样可以编写网页。但是，网页图形编辑工具的最大成功之处也是它们的最大不足之处，受到图形编辑工具自身的约束，用户很难编辑出一些精确的效果，达到较高的网页编写水平。可见，HTML语言仍然是Internet开发的基础，而且不会在短时间内被替代。一个明智的网页编写者应该在掌握图形编辑工具的基础上进一步学习HTML语言，以便多快好省地编写出使自己满意的精品。

二、 HTML元素与页面的结构

HTML文档由三大元素构成：HTML元素、HEAD元素和BODY元素。

每个元素又包含各自相应的标记(属性)。HTML元素是最外层的元素，里面包含HEAD元素和BODY元素。HEAD元素中包含对文档基本信息(文档标题、文档搜索关键字、文档生成器等)描述的标记。BODY元素是文档的主体部分，包含有对网页元素(文本、表格、图片、动画、链接等)描述的标记。HTML中标记一般成对，如：<P>，</P>；<HTML>，</HTML>等。但也有一些不成对，如：
等。

HTML文档的结构形式如下：

<HTML>

<HEAD>

头部信息

</HEAD>

<BODY>

文档主体，正文部分

</BODY>

</HTML>

其中<HTML>在最外层，表示这对标记间的内容是HTML文档。<HEAD>之间包括文档的头部信息，如文档总标题等，若不需头部信息则可省略此标记。<BODY>标记表示正文内容的开始。

三、页面的编辑与浏览

下面我们来观察一个简单的Homepage源文件的编辑与浏览。

（1）打开写字板或记事本程序输入如下HTML源代码。

<HTML>

```
<HEAD>
<TITLE>简单的HTML文件</TITLE>
<!--注释内容-->
</HEAD>
<BODY>
<H1>一个简单的HTML文件</H1>
<P>
<HR size=5>
<P>
```

这是一个简单的由HTML编写的网页文件。现在换一行。
这是<B>

粗体文字。</B>

```
<P>
```

另一个段落…

```
<HR>
</BODY>
</HTML>
```

（2）输入完毕，保存该文件为Sample. htm或Sample. html。注意，一定要以纯文本方式保存。

（3）在浏览器中打开该文档浏览如下。

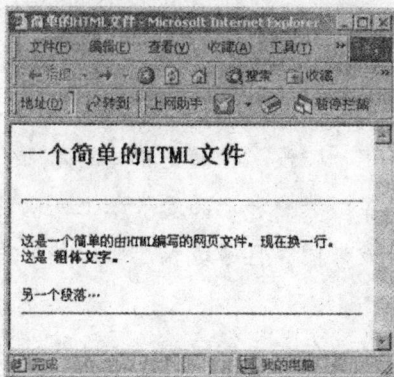

图1-2　页面的显示效果

我们来看一下上面例子中出现的标记。

① <TITLE>标题文本</TITLE>

一对<TITLE>标记表明了一个Homepage文件的总标题，它一般出现在<HEAD>标记中。虽然总标题可以省略，但我们还是建议能给每个HTML文档加一个总标题。

② <!--注释内容-->

用于书写文档源文件的注释，是一个单标记，注释内容在浏览器中不显示。

③ <H1>文本</H1>

一对<H1>标记表明正文中的第一层标题。一共有六层（H1至H6），随着层次数的增加，正文标题的字体依次减小。一个正文标题就像一个独立段落，其自动与标题前后的内容进行段落换行。

④

是一个单标记，表示在正文段落的当前位置换行(break line)。在HTML中，段落是它的一个基本元素，由于Web浏览器总是根据当前窗口的尺寸将一个段落信息像流水一样，从左至右，从上至下逐个排列(一行排列不下，则自动绕转到下一行)。因此，当Web浏览器的窗口尺寸改变时，段落中各行文字的换行位置就会相应地改变。若你要确定在哪个词后换行就必须加上
标记。

对照上述源文件和图1-2，就会发现Web浏览器是完全按照源文件中的标记来安排文档的显示，而与源文件本身的书写格式无关，Web浏览器将忽略源文件中的所有换行符和多余的空格符。并且HTML标记及其属性的大小写也不区分，例如<HR size=3>等同于<hr Size=3>。

⑤ <P>

分段标记符用于将文档划分为段落，标记符为(P>…(/P)要将文字强制换行，而不是另起段落，可以用换行标记符BR实现该功能。注意，BR仅单独使用，而非成对出现。

⑥ <HR>

添加水平线的标记符为<HR>，与BR类似，HR也不包括结束标记符。

任务三 网页设计概述

"设计"一词属于合成词，"设"指的是精心思考，"计"是指精密的制作。由此可知，网页设计首先要在了解客户和产品的基础上，以目标群的特点为设计基础，精心构思，得到规划方案和效果图，再通过相应的软件按照精确的制作方式完成网站的制作。

网页设计属于跨学科设计，包括文字编排、美术设计和数据设计等方面，美术设计部分是其中重要的部分。一个设计精良的网站肯定要比无序排列的图文更容易使浏览者产生好感。正是这个原因，每个网站都非常注重美工设计。

尽管网页设计与平面设计在制作流程上有很多相同之处，但是由于网页设计受到更多的兼容性限制，发布的载体也不同，因而随着行业发展逐渐呈现出自身的特点，其制作也呈现出特有的流程。这些流程是从整体规划开始的。

一、网站整体规划

在网站整体规划中最重要的问题有三个：确定站点目标、确定目标用户和规划站点的导航方案。

1.确定站点目标

在现实制作中，很多设计师总认为客户非专业人士，对一些需求不以为然，这种现象会影响设计目标的建立。如果遇到这样的情况，应当多与客户进行沟通，在设计目标和制作方法上与客户达成一致。在规划之初就向客户询问要设计的网站需要哪些功能，哪些页面和栏目需要设计，根据设计做一个列表，然后按照列表的内容逐一进行分析，这样将有助于以客户的特定需求为中心和目标建立站点。同时明确设计目标的复杂程度，这对于网站的导航方式、使用媒体内容、视觉VI等都有极大的影响。

例如，与贩售婴儿用品直销网站的温馨和卡通相比，流行音乐的网站设计更自由活泼、动感十足，两者之间的视觉外观和导航都截然不同。这些都是因需求不同而造成的差异。

2. 确定目标用户

一方面，大多数设计师都没有考虑目标用户的存在，而仅仅记住了上一个重要问题，或者说每个设计师都想让任何一个人作为自己设计的欣赏者。现实总是和理想不同，因为浏览器、媒体插件、操作系统等的不同，都可能造成设计作品无法被正确观看。另一方面，目标客户的不同也会严重影响设计风格样式的取向，以及技术手段的应用。比如，为游戏玩家设计的网游产品网站，在设计的时候应更多地将游戏的内容和动感样式体现在页面之上，同时在技术选择上亦可选择较新技术，因为这些玩家都是为了获得更好的游戏体验而成为电脑软硬件的潮流使用者；而针对中年人的服装购物网站设计则需要相应保守的技术，这和大多数中年人使用电脑的需求有关，这类人群大多数都将电脑作为工作工具来使用，对新技术并不敏感。对于设计外观和导航样式也要力求简洁，这又与这类人群忙于工作、家庭和社交，无法花费大量时间上网有关。

3.规划站点的导航方案

站点导航方案主要是显示各个网页之间链接关系的地图。这个地图中显示了用户单击相应链接和与应用程序界面交互时如何在网站中浏览的路径，从而为文字编辑、设计师和程序设计师提供网站关系的依据。规划方案可以通过手工绘制，也可以通过例如微软Visio之类的图表工具绘制软件完成。

明确了这部分规划之后就可以向客户展示方案，如果沟通无误的话，就可以进行更为详细的规划设计了。

二、 网站的层级结构规划

这里所规划的是整个网站的目录结构：怎样安排首页、频道等目录树下内容的目录结构，是整体设计中第三部分规划站点的导航方案的一个延续。

一般来说，个人网站或者小型网站的规划可能并不十分规范，因为它们内容较少，更新不多，可以随时进行大的调整；不过对于一个日访问量几万、十几万甚至更多的网站来讲，就必须做好规划，便于分类、设定、存储等。

一般网站目录结构中应主要考虑两个部分：一个是静态页面或者是模板部分，另一个是和数据库有关的内容。静态页面内容中为了方便识别不同的文件类型，通常会设置多个分类文件夹。其主要分类包括：除了根目录中首页的网页文件外，还有图像文件夹、媒体文件夹、网页文件夹、样式表文件夹、频道文件夹等。

图像文件夹可以根据网站的类型或者是栏目的内容建立分类文件夹，与之相关的图像各就其位。

媒体文件夹存放了各类媒体文件，比如，Flash动画、FLV视频、WMV视频等，可以依据媒体类型进行分类，也可以根据频道或者栏目进行分类。

网页文件夹一般是根据频道和栏目进行分类的。如果是大型网站的话，由于自身页面的更新量巨大，可以采用先建立频道页面，再依据日期作为子文件夹名称创建相应的文件夹，便于日常管理和维护。

三、规划页面设计和布局

一个网站内部的页面和布局保持相对一致是非常重要的。比如，给网站设计相似的外观、配色方案和导航等，很容易让用户熟悉整个网站，获得更好的网站浏览体验。因此，在网站制作之前，规划页面设计和布局，将大大节省整个网站制作流程的时间。

网页设计项目通常是从速写本和流程图开始的。之后由设计师把页面转变为范例页面。在整个规划的最后，使用Photoshop、Illustrator或者Fireworks等软件完成范例页面的效果图制作。之后就可以使用Dreamweaver来实现网页制作的梦想了。下图是一个网页设计图的手稿，通过手稿的反复绘制和推敲，很容易实现在多个设计方案中优中选优。向设计师特别推荐这种看似原始，却非常有效率的工作方法。

【案例】制作网页外观模型图

效果图制作是为了更直观地看到设计的预想结果，制作网页同样需要使用网页外观模型来模拟真实的网页效果。使用Photoshop可以轻松地获得这样的模型图。

在"开始"菜单中打开IE浏览器，然后按下键盘快捷键"Alt+Screen"键将整个IE窗口复制到剪贴板中。

打开Photoshop软件．在文件菜单中选择"新建文件"，Photoshop会按照剪贴板中图像文件大小作为新建文件的大小，设置图像分辨率为72像素后，确定建立文件（图1-3）。

使用键盘快捷键"Ctrl+V"进行粘贴操作，截屏图像就以一个新图层的方式被粘贴到这个新的文件中（图1-4）。

　　使用选择工具，对截屏图像中网页内容部分进行矩形绘制。并使用键盘快捷键"Delete"，删除当前选取范围的图像。并保持选取范围。

　　新建一个图层。使用快捷键"Alt+Backspace"键，将该图层填充为黑色。

　　修改图层名称，将浏览器区域命名为"浏览器外观"和"设计区域"（图1-5）。

　　单击文件菜单中保存命令，将文件名设置为"浏览器设计效果模型"（图1-6）。

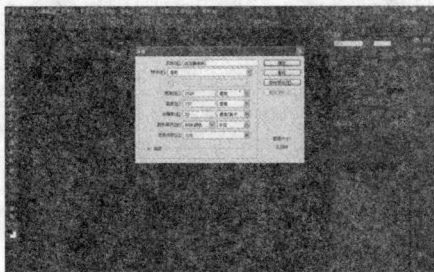

图1-3

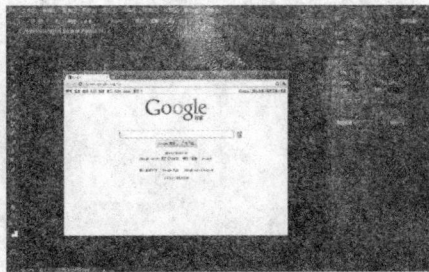

图1-4

图1-5

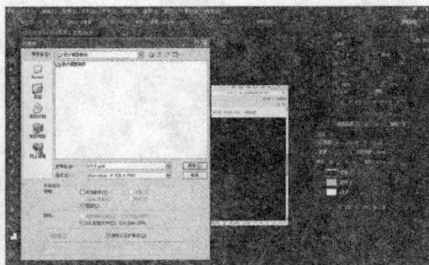

图1-6

图1-7

　　设计模型就此建立，在进行网页设计的时候就可以直接通过这个模型观看模拟效果了（图1-7）。

　　1.页面结构内容设定

　　网页多数是建立在设计好的模板上进行样式和模块套用的。图形尺寸和文本尺寸相对固定，因此可以通过在效果模型页面中建立相应的区块来设定内容。

要设定区块内容首先要了解一般网页版面的特性。通常一个完整的网页包含了三部分：导航部分、版面设计部分和版权部分（图1-8）。其中版面部分所占比重最大，其次为导航和版权部分。而由于网站链接关系特点决定了导航的设计最为复杂，因此各部分的画面就需要设计师根据实际情况进行比例分配，同时要保持网页的整体风格与样式。雅虎是门户网站的先驱，其设计具有相当代表性，对用户的使用便利性非常重视，板块清晰，导航明确，加之界面设计的能力超强，因此成为国内很多大型网站的临摹对象。

图1-8

2.网站版面设计类型

根据不同网站类型的需要，版面设计部分一般会出现三种设计情形，即单栏式、两栏式和三栏式。不过更多的设计属于混合式。

（1）单栏式。

单栏式网站数量并不多，但可能是每个网络用户使用最频繁的网站。我们熟悉的搜索网站Google、百度都是这种网站的代表。Google更是这种样式应用的开山鼻祖。其特点在于实用、快捷、迅速地获得功能。另外该类网站的标志都相对突出，常居于主要位置的正中心，在节假日或者纪念日还会制作专版的标志，在视觉非常统一的前提下，时常出现一些变化，加上没有任何修饰和广告，由此确立了搜索网站在互联网的霸主地位(图1-9)。

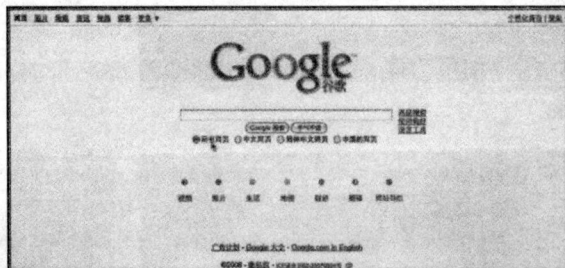

图1-9

（2）两栏式。

一般内容较少、略有分类的网站都会考虑这样的网站版面样式。其原因在于可以将辅助导航设计在其中的一栏中，或居左，或居右，提示网站的各类重要信息。此外，有些网站采用的是框架模式的网页，左侧导航控制此页面的显示内容，这类网站几乎都是两栏式。除了这些功能因素外，两栏式还有一个特别的好处，即可以在同样的分辨率情况下，容纳更大尺寸的图像、视频和Flash动画，提升网页中的视觉效果。很多博客网站也都采用了这种基本版面的布局方式(图1-10)。

图1-10

网易的电子邮件是国内邮件服务商中的佼佼者，有着几亿的用户量。邮件页面适应不同的操作系统、不同浏览器的用户方便、快速、正确地浏览使用电子邮件服务。版面采用了典型的两栏式设计，左侧为功能选择区域，右侧为显示使用区域，用户非常容易上手(图1-11)。

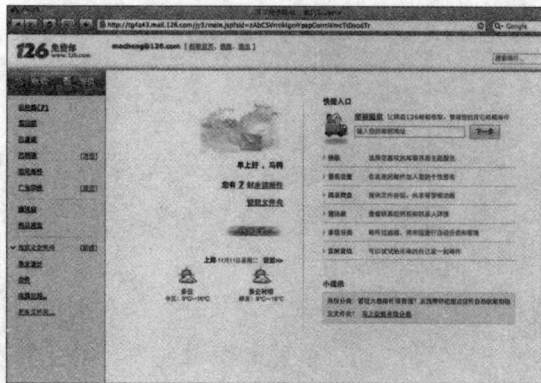

图1-11

（3）三栏式。

三栏式版面设计通常应对的是内容丰富、提示性内容多的大中型网站，通过三栏的分割，将内容进行细分，呈现在页面之上。雅虎英文站点的设计是典型的三栏式设计，通过对各个栏目的归类，再将内容与功能细分，将庞大的内容体系巧妙地放置于一个大的页面之中，搜索功能被放置在最为引人注目的顶部区域，取得了很好的视觉效果，同时兼顾了内容浏览的提示性需求(图1–12)。

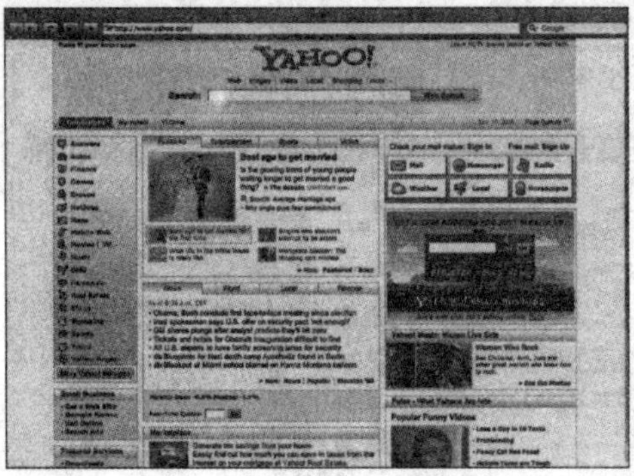

图1–12

图1–13

（4）混合式。

混合式综合各个版式的特点，根据内容需要，对版面进行了调整，使页面内容更适合内容和广告需求，而且在多数情况下，这种版面设计方式容易将内容与设计进行很好地结合，视觉变化相对丰富。ACDSee是这些年在图像浏览和简易处理图像软件中的优秀者之一，其网站设计综合了各栏式设计的特点，内容丰富，富于变化，加之良好的界面美工设计，给人留下深刻的印象(图1–13)。

任务四　网页制作工具

一、　网页制作工具

1.FrontPage

FrontPage 2000是微软Office 2000的组成部分，它有着与其他Office软件类似的操作界面和使用方法，以其易学易用、所见即所得及功能强大博得广大网页制作初学者的喜爱，是当前网页设计的主流软件之一。

通过FrontPage 2000人性化的操作界面，不仅能修饰和编排网页文字和图片，添加悬停按钮、滚动字幕和访问量计数器，创建和编辑列表，以及加入最流行的FLASH动画，还可以利用导航、应用主题、共享边框和动态HTML效果的使用，我们可以在较短的时间内创建出图文并茂的网页。同时我们还可以直接在FrontPage中对HTML的语言进行编辑，使我们可以随心所欲的发挥自己的设计能力和创新能力。

与其他软件相比较，它更容易建立专业的、精确的网站。FrontPage 2000的网站创建和管理工具给用户从未有过的全面控制权。用户可以精确的放置每一个元素在网页的任何位置，为网站设定专业的、谐调的外观，输入和编辑HTML原代码，使用最新的网页技术，这一切都不需要编写任何程序。除了用来制作网页外，用户还可以使用它来建设和维护整个网站，更简单地检测、更新网站。工作组用户可以通过Frontpage 2000让分布在世界各地的子公司一起工作。

和以前的版本相比，FrontPage 2000增加了以下的新功能。

(1)改良的图框网页(Frame)编辑方式让用户制作图框时轻松自如。

(2)集成了Internet Explorer。当用户浏览一个已经发布到服务器上的网页时，用户只要按一下Internet Explorer的编辑按钮，就能编辑此网页，然后再保存到服务器内，所有的操作都在Internet Explorer浏览器内完成。增加的浏览器和网页编辑器的集成性使网页的更新更加快捷。

(3)增强了图像编辑功能。FrontPage 2000内新的图像编辑器可以让用户更容易地进行图像的凸起、剪裁、翻转和旋转等。特别是FrontPage 2000支持从数码相机和扫描仪获取照片，并能重新设置图像的大小，减少了大型图片的下载时间。

(4)更加简明的导航视图。网页文件的结构方式使得各种不同的导航视图都可以让用户轻松地管理网站，查看网页的内容或者网页的链接状况。

(5)FrontPage Themes。FrontPage 2000有很多建好的造型图形供用户选用，来快速建立一个漂亮的网站。这些造型可以用于整个网站或者单一的网页。

(6)更加精细的像素以及使用相对和绝对的位置方法使得控件的摆放和定位更加精确。

(7)60个预先设计好的主题素材，为用户提供了更加广泛的选择余地。

(8)用户自定义主题。助记词可以利用预先给定的主题，在它上面编辑颜色和图案，设计自己的网页主题。

(9)通过Microsoft Internet Explorer或Netscape Navigator浏览器，用户可以欣赏到动态的网页效果。

(10)资源控制权。FrontPage 2000为用户提供了资源控制的手段以阻止其他浏览者对用户的网页所做的非法改动。

(11)个性化的工具栏。

(12)自定义工具栏。用户可以自己设定一些常用的按钮以及其他功能控件。

(13)后台运行的拼写检查。

(14)预先设计好的网页组件使用户能更加方便地插入这些组件。

(15)使用和Windows NT一样的网页服务器管理器，使用户能实现远程控制。

(16)帮助答案向导。帮助答案向导使用户更加快捷地使用自己的语言来查询有关的问题。

(17)用Office 2000的编辑器编辑HTML语言程序。

(18)新增加的Office 2000的图表功能，使用户在FrontPage 2000中能轻松地调用Excel等图表工具。

(19)在任务栏中，用户可以迅速查看任务执行的状态。

(20)在安装过程中，提供了自修复功能。

(21)FrontPage 2000还有一些更新的内容，在FrontPage 2000的帮助文件中，用户可以自己查阅，在这里就不再一一列举了。

总之，FrontPage 2000是一款非常优秀的网页编辑器，它和Office的集成使得两种应用软件都如虎添翼，使用FrontPage 2000能够轻松愉快地进行文本和文字网页的编辑，能够方便、准确地进行Web网站的建立和管理，能够在网络世界里漫游、翱翔。使用FrontPage 2000，不论是初学者，还是Web页开发高手，都会发现FrontPage 2000的确是一种功能强大的、易于掌握的Web页开发工具。

2．Dreamweaver

Macromedia公司推出的Dreamweaver是一套视觉化的网页开发工具，利用它可以轻而易举地制作出跨越平台和浏览器限制的充满动感的网页。通过Dreamweaver提供的"所见即得"的友好编辑功能，可以编写ASP、JSP、CFML甚至PHP程序，从而创建动态网站系统。Dreamweaver不仅是专业人员制作网页的首选工具，并且已经普及到广大网页制作爱好者中，尤其是Dreamweaver MX中文版相对于其他网页制作工具和以前版本，具有更多优势，它把原本倾向于网页制作的软件Dreamweaver 4.0及倾向于网站开发的软件Dreamweaver UltraDev有效地结合在一起，增加了其强大的功能。现在的Dreamweaver MX集网页设计、网站开发和站点管理功能于一身，具有可视化、支持多平台和跨浏览器的特性，因而成为网站开发的首选工具（图1-14）。

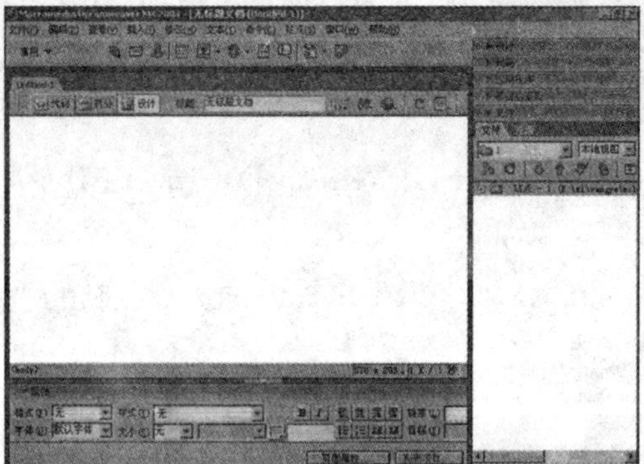

图1-14　Dreamweaver MX 2004 的基本界面

在本书的后续章节中就以HTML理论为支撑，借Dreamweaver MX来实现网页的设计与制作，对Dreamweaver MX有进一步较为详细的介绍。若无特殊说明，本书中所提到的Dreamweaver均指Dreamweaver MX。

二、网页图形设计工具

1.PhotoShop

PhotoShop是全世界著名的平面设计软件，它具有强大的绘图、校正图片及图像创作功能!人们可以利用它创作出具有原创性的作品。

　　作为PhotoShop的前身是一个叫Barney Scan的扫描仪配套软件，后来被Adobe公司看中了它优秀的图像处理功能，将它开发成功能更为强大的图像处理软件并把他命名为——PhotoShop。PhotoShop 7.0作为Adobe公司的图像编辑软件，集成了专门用于Web图像处理的ImageReady 7.0，更适合在网页制作时使用。它功能强大并且操作简便，被广泛地应用在图像处理、绘画、多媒体界面设计、网页设计等领域。PhotoShop 7.0的界面如图1-15所示。

图1-15　PhotoShop 7.0的基本界面

2. Fireworks

　　Fireworks是来自Macromedia公司的首选Web图形工具软件。它是一个强大的网页图形设计工具，完全将功能集中在Web上，同时又提供了许多独创的、适合于Internet的功能，可以说Fireworks是立足于web应用而开发的。

　　我们可以使用它创建和编辑位图、矢量图形，还可以非常轻松地做出各种网页设计中常见的效果，比如，翻转图像，下拉菜单等。设计完成以后，如果要在网页设计中使用，可以将它输出为HTML文件，还能输出可以在PhotoShop、Illustrator和Flash等软件中编辑的格式。它与Dreamweaver、Flash两软件紧密结合，合称为梦幻组合，是当今较流行的Web图形工具之一。

　　Fireworks MX 2004的界面如图1-16所示。

图1-16　Fireworks MX 2004的基本界面

3.网页动画制作工具

Flash是目前网上最流行的网页矢量动画制作软件，它提供了广泛的平台支持。用Flash制作的动画的优点是动画品质高、体积小、互动功能强大，特别适合制作网页动画。用户不需要编写复杂的程序，便可以制作出多媒体网页。

Flash具有便捷制作多媒体和互动网页的特性，使之成为多媒体网页制作的最佳选择。

Flash MX 2004的界面如图1-17所示。

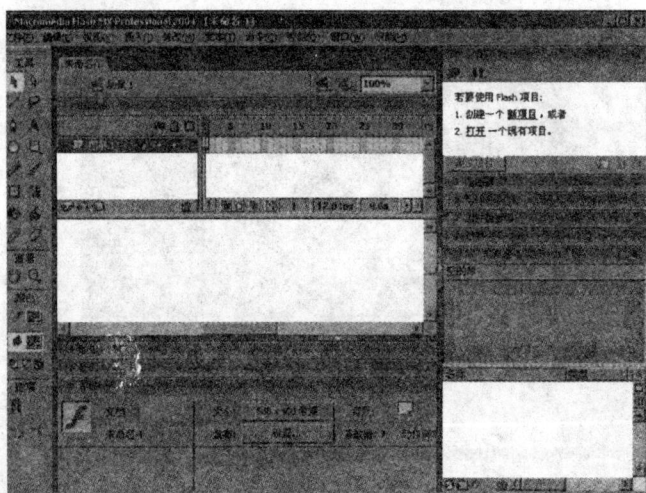

图1-17 Flash MX 2004的基本界面

Macromedia Flash MX 2004和Macromedia Flash MX Professional 2004具有创建和发布丰富的Web内容和开发功能强大的应用程序所需的全部功能。无论是设计动画图形还是构建数据驱动的应用程序，Flash都能提供在多种平台和设备上制作出最佳效果和提供最完美用户体验所需的工具。

项目小结

项目主要介绍了Internet基本知识，要求大家要了解掌握Internet的基本功能。HTML语言是网页设计的基础语言，在本章我们对它进行了基本结构的介绍，要求大家对于HTML语言的基本结构要能够熟练掌握，会用它进行简单页面的设计与制作，在本书后面的项目中会结合具体的实例对它做进一步的介绍。对于网站的整体构思是一个好的网页设计者必须具备的基本素质。本项目对于网页设计与网站建设作了基本的介绍，目的是为了使初学者了解网页与网站建设的必要性。对于各种网页制作工具限于篇幅本书没有都做介绍，有兴趣的读者可以参考其他相关的书籍。

习题与思考题

1.使用网页截屏方式获取IE、FireFox、Safari等几个常见浏览器的外观，制作成外观模型图。

2.打印制作好的网页外观模型图，在其上使用手绘方式，完成3份介绍水杯或者饮料产品的两栏式网页效果图设计方案，要求每个方案中用不同的方式突出同一款产品外观。

3. WWW的含义是什么？

4. Web网页一般可以包括哪些内容？

5.什么是HTML？

6. FrontPage 2000有什么特点？

7. Dreamweaver、PhotoShop、Fireworks、Flash是分别用来做什么的软件？

8.网页的设计原则是什么？

9.使用HTML语言设计制作如下页面。要求：网页的标题为"一个简单的HTML练习"，内容如图1-18所示。

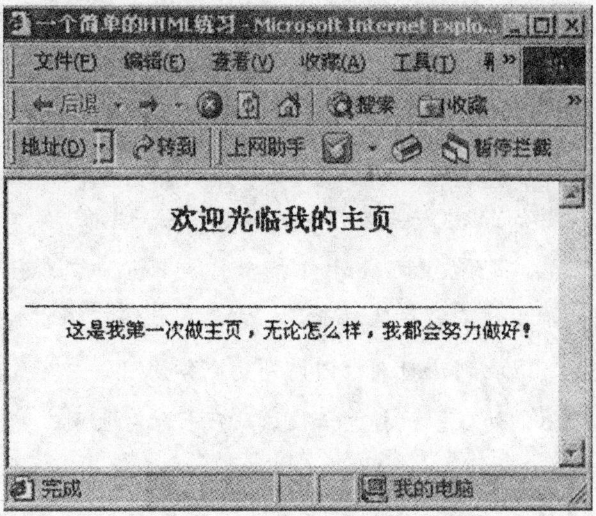

图1-18　习题9图

项目二　网站优化建设

【项目提要】

　　本项目对网站优化建设做了基本概述，介绍了网站营销站点建设的情况，介绍了网站易用性研究，介绍了网站优化及网站建设市场分析。通过对这些知识的学习和了解，能够对所学的知识有所掌握：掌握网站建设的一般要素；掌握网站优化的含义及方法；掌握网站诊断的方法；能够诊断网站的建设及运行状况；了解网站易用性的含义；了解企业网站的建设状况。

【引入案例】

"破网站"也可以给企业带来大订单

　　今年3月份，老家一个麦秸工艺画厂给我寄了一些产品介绍，还有一些照片。于是我花了一个下午的时间给他们做了一个简单的网站，放到我在Y365.COM的免费空间中。

　　我在制作的时候，没有考虑它漂亮与否，一切都是从实用出发，结合搜索引擎的基本特点做的。然后就给它做了一些友情链接，偶尔做一些推广。

　　从今年5月份开始，在百度和Google等搜索引擎中输入"工艺画""麦秸画"等关键词，这个破网站都排到了第一位。于是，它每天大约有30多个流量。虽然流量不大，不过每个星期都可以收到几封来自国内外的业务询问信以及询问电话。由于我的时间比较忙，不能帮他们处理，就打电话让该厂厂长学习上网，然后把网站上的联系方式改成了该厂的联系方式。

　　半年过去了，前几天回老家去那个厂里看，厂长对我非常热情，一问才知道。还不太会上网的她已经靠我给他们做的那个破网站接了不少订单，客户包括深圳、广州、贵州等地，并且还有一个是国外的客户。

　　于是我想，一个企业如果想通过网络带来效益并想做好的话，投入并不大。不过这要有一个前提：那就是有可以用较低的成本为企业带来效益的网络服务公司。

（资料来源：中国网络营销传播网）

任务一 网站建设概述

一、网络营销站点的功能

一个结构完善、设计合理的网络营销站点可以让用户方便、及时地从企业的营销站点获取信息、订购商品和寻求售后服务。企业在规划自己的网络营销站点结构时，除应具备一般站点应具备的如站点结构图、站点导航、联系方式等基本功能外，还应结合公司的网络营销目标，进行综合、合理的设计。

1. 企业信息的发布

企业信息发布属于站点最基础的内容，主要包括企业概况的介绍，企业产品信息或服务信息的介绍，企业的新闻、经营活动以及企业重大事件的信息发布等。如一般网站中的公司简介、产品介绍、新闻报道等栏目。

2. 提供高效的搜索引擎和"购物车"

营销网站都应提供某种形式的"购物车"，当网上消费者在浏览网上商店时，会不时地想购买商品，此时用户就可以方便地将所选商品放入"购物车"，如果用户想知道自己已买了些什么，则可直接查看"购物车"，用户若感到某件商品不需要了，则可以方便地从"购物车"内删去，最后才递交结算。为满足消费者的这一购物过程，就要求"购物车"是始终可视的，它必须动态地跟踪用户的整个购物过程，及时显示商品清单、单价及总费用等信息。

3. 提供有效的用户反馈渠道

在网站上应设置一个在线的交互式表单，用于收集消费者或访问者对企业商品或服务的反意见和建议。有条件的网站还可以设置专门的讨论组，供用户与公司服务人员共同探讨大家所关心的话题，或增强用户与公司之间的感情联系。

4. 提供良好的售后服务

不少商业网站都将结账付款作为与消费者买卖关系的结束。其实，在现实生活中，一个精明的商家往往会以为用户提供良好的售后服务来继续吸引消费者。因此，作为一个商业网站，都应为用户提供良好的售后服务，设置时可以根据公司经营项目的实际情况，有选择地提供网上售后服务，如可设置"售后服务""技术支持""受权培训""用户须知"等栏目，为消费者提供所需的有关信息。

5. 提供个性化服务

为方便和吸引更多的网上用户访问或再次访问本公司的网站，更好地为消费者服务，在营销网站也可以建设一些子站点，用于为用户提供差异化的，满足用户个性化需求内容的网站。如一个销售视听电器的公司网站，则可增设与其业务相关的"经典点播"、"名曲欣赏"等类型的专门网站。

二、企业网站建设的一般要素

网站建设的一般要素包括网站结构、网站内容、网站功能和网站服务四个方面。下面将分别就这四个方面进行介绍。

1.网站结构

网站结构是为了向用户表达企业信息所采用的网站栏目设置，是网页布局、网站导航、网址层次结构等信息的表现形式。一般包括栏目结构和网页布局两个方面。

(1)栏目结构。

栏目结构以三级以内比较合适，用户通过多次点击它就可以获得更多的信息。合理的网站栏目结构，其实没有什么特别之处，无非是能正确表达网站的基本内容及其内容之间的层次关系，站在用户的角度考虑，使得用户在网站中浏览时可以方便地获取信息，不至于迷惘。做到这一点并不难，关键在于要对网站结构重要性有充分的认识。

归纳起来，合理的网站栏目结构主要表现在以下几个方面：通过主页可以到达任何一个一级栏目首页、二级栏目首页以及最终内容页面；通过任何一个网页可以返回上一级栏目页面并逐级返回主页；主栏目清晰并且全站统一；通过任何一个网页可以进入任何一个一级栏目首页。

(2)网页布局。

即要求将网站重要信息放于首页显著的位置，将公司简介、联系方式、网站地图等放于网页下方，提高信任度。不同主题的网站对网页内容的安排会有所不同，但大多数网站首页的页面结构都会包括页面标题、网站LOGO、导航栏、登录区、搜索区、热点推荐区、主内容区和页脚区，其他页面不需要设置得如此复杂。一般由页面标题、网站LOGO、导航栏、主内容区和页脚区等构成。

2.网站内容

内容是用户通过企业网站可以看到的所有信息，也就是企业希望通过网站向用户传递的所有信息。网站内容的组织并不是现成的企业简介和产品目录的翻版。很多企业的网站并没有很好地组织网站的内容，这恰好也是这些网站访问量低的一个重要原因。

面对这种情况，需要解决以下三个基本问题。

(1)访问者访问企业网站的目的。

从网上获取资讯始终是访问者的主要目的之一。因此，网站内容必须提供和产品或服务相关的丰富资讯。以专业角度去描述产品的规格和性能，和同类产品或服务相比较，告诉访问者各自的优点及不同特点，帮助访问者做出最好的选择。

(2)访问者要经常访问本企业网站的目的。

企业网站要让他们觉得值得回访。不断更新产品或服务资讯，不断增加吸引访问者的内容，加深良好印象，才能使现实客户和潜在客户继续回访网站。

(3)访问者会选择本企业产品或服务的原因。

详细描述企业产品或服务的特点，给出确凿的资料。如果产品或服务没有特色，那么潜在客户购买你的产品或服务的动机将会大大降低。

一般情况下，企业网站都要包含的内容如下表（表2-1）所示。

表2-1　一般公司网站的内容构成表

公司介绍	宣传公司背景、组织机构、团队介绍、大事记、领导致辞、经营业绩、宏伟蓝图
资质认证	展示荣誉证书、企业图片，增加公司品牌、资信等
产品介绍	展示企业生产、经营的各类产品图片、文字信息、技术阐述、价格等
在线订单	用户可以通过填写表格在线发送他对公司的产品订购信息、商务要求和建议反馈
联系我们	介绍公司的各个组织结构、部门职能、联络方式等
人才招聘	发布公司的招聘信息，搜集各类人才资料，求职者可在网站在线提交简历
诚征代理	发布公司产品、业务代理信息
新闻发布	发布公司的最新动态、新闻，可通过网络随时更新、添加
客户服务	阐述公司良好的客户服务系统、内容、服务网点等
其他栏目	可根据企业要求添加特色栏目及内容
(英文版)	以英文为版本形式的网站内容，方便国际用户及海外客商浏览网站
说明	公司网站内容框架(大致设想，可以根据公司具体情况和要求加以更改增删)

知己知彼，百战不殆。当前制作企业网站还需要调查互联网上已经存在的各类网站，对竞争对手的网站进行分析研究，在充分了解网上竞争对手的情况并研究了他们的产品和网页后，可以参照以下网站内容的组织原则，制订出更能体现产品特点的网页内容。

网站内容的组织原则如下。

清晰性：网站内容必须简洁明了，直奔主题。

创造性：罗列的观点会使访问者产生共鸣、发出内心的认同吗?这是访问者判断一家公司是否有实力，从而影响到购买动机的重要依据。

网站内容应当突出三点：突出企业及产品的优点和与众不同的特色；突出帮助访问者辨别、判断同类产品优劣方面的内容；突出内容的毋庸置疑的正确性。

3.网站功能

网站功能直接关系到可以采用的网络营销方法以及网络营销的效果。企业的网站应该关注自己特定的客户群，通过多种形式和客户保持着联系和沟通，吸引自己的用户不断地和企业网站进行交互，从而起到加深客户关系、了解客户需求、提供优质服务、加强广告和展示效果的作用。

通常企业网站具有如下几种常用的功能。

(1)网站新闻发布系统(信息发布系统)。

这种功能是将网页上的某些需要经常变动的信息,类似新闻、新产品发布和业界动态等更新信息集中管理,并通过信息的某些共性进行分类,最后系统化、标准化地发布到网站上的一种网站应用程序。在某些专门的网上新闻站点,如新浪的新闻中心等,新闻的更新速度已经缩短到五分钟一更新,从而大大加快了信息的传播速度,也吸引了更多的长期用户群,时时保持着网站的活力和影响力。

(2)产品展示发布系统。

这种功能是将网页上的新闻、新产品发布和业界动态等更新信息进行集中管理,分类别系统化、标准化地发布到网站上的一种网站应用程序。前台用户可通过页面浏览查询,后台管理可以管理产品价格、简介、样图等多类信息。本系统还可以进一步升级、扩充为高级网店系统。

(3)企业邮局。

企业邮局就是以企业自己的域名为后缀的电子邮件系统,企业的每一个员工都可以拥有一个my name@my company. com这样一个特殊、易用的E-mail。

(4)邮件列表。

使客户在其网站上建立邮件订阅功能,可以按照需求随时向订阅者发送新闻、杂志、公告等信息,并且能够提供管理界面,有效地管理大量的邮件列表用户。

(5)留言板。

提供了一个公共的信息发布平台,特别适用于作为企业内部个人办公助手,以及企业与企业之间进行信息交流;在Internet上储存留言资料,方便查阅。使得随时随地查询信息的移动办公成为可能。

(6)网上订购。

就是在网络上建立一个虚拟的购物商场,避免了挑选商品的烦琐过程,使您的购物过程变得轻松、快捷、方便,很适合现代人快节奏的生活;同时又能有效地控制"商场"运营的成本,开辟了一个新的销售渠道。访问者在线提交产品(服务、商品)订单,管理者可以根据条件查看、检索、管理订单,实现简单的电子商务。该系统可以拓展为网上订报、网上订餐等。

(7)广告订单。

广告订单系统是网站与其他网站建立合作关系所不可或缺的工具。主要用于接受客户的广告订单,投播客户的广告Banner,进行友情链接,并进行管理和统计。

(8)在线调查。

供求信息系统是我们专为建立B2B信息平台的网站用户开发的一套系统,为企业提供发布供求信息，进行商贸信息交流的平台。将企业的供求信息集中在一起，充分发挥网络的优势，使资源合理分配、共享。

(9)在线技术支持。

功能等同于客户反馈系统，增加常见问题智能查询功能，后台管理员可维护常见问题数据库，对数据进行查询、修改和删除。

(10)访问统计报告(计数器)。

对网站访问者的情况进行统计，有利于网站建设者掌握网站受欢迎的情况，及时调整网站的信息及功能。

4.网站服务

即网站可以提供给用户的价值，如问题解答、优惠信息、资料下载等。网站服务是通过网站功能和内容而实现的。一般包括如下四种服务。

(1)在线咨询：不仅可以使顾客咨询方便，而且还可以了解顾客对产品的看法。

(2)优惠信息：不仅可以吸引顾客注意，还可以降低发放优惠券的成本。

(3)保养知识：可以让顾客了解产品保养的有关内容。

(4)产品说明书：对产品有详细的介绍，可以让用户了解产品。

任务二　网站营销站点建设

一、网络营销站点分类

目前对网络营销站点的分类各有其说，但根据站点营销效率的高低，可将企业的网络营销站点分为信息手册型、娱乐驱动型、在线销售型和销售服务型。在各种不同类型的网络营销站点中，它们都各具独到之处，各显特色，正是这些特性将它们与其他的类型区分开来。但是，在现实应用过程中有不少网站结合其他网站的优点，形成一种功能齐全的综合型网站。

1.信息手册型站点

信息手册型站点一般只提供公司情况、公司产品、公司提供服务等静态信息。该类站点远远没有发挥Web网站作为一种互动性媒体的特性和优势，没有发挥Web这一新媒体的营销特性，是一种网络营销应用初级时期出现的最初级类型的网站，可称为最基本的网络营销站点。从某种意义上讲，这类网站是公司印制型宣传材料的翻版，将原来印刷在纸张上的商品介绍，更改媒体而放到了互联网上。

拥有这类网站的企业，往往是公司初上Internet，想尝试一下利用互联网来扩大公司的影响，加大公司的宣传力度，扩展公司产品在突破地域限制上的市场宣传。虽然其中有些企业是我国企业当中较早认识到互联网的价值，并较早就开始建设公司的网站，但公司似乎还没有进一步挖掘Web潜力的打算，有的甚至连代表公司形象的主页也较长时间不作更新。有的属于该类的网站可能还在观望中，待网络市场更成熟后再做进一步的投入和发展。

2.娱乐驱动型站点

娱乐驱动型网站的特点是营销者希望通过提供网上游戏、趣闻逸事、幽默戏说等公众喜爱的娱乐性服务，来吸引更多的消费者光顾的网站，以达到扩大和加深企业在线品牌影响面的目的。例如，众所周知的索尼(SONY)公司网站的营销战略是一手硬(产品设备)、一手软(影视娱乐)，两者紧密结合、软硬兼施。精良的设备能使新奇的游艺引人入胜，影视娱乐又为视听产品的销售铺垫旺途，使两者在网络营销关系上互补至善。索尼公司的总裁早在建站初期的1995年就制定了"将公司网站建设成全球的在线娱乐场"的网络战略宏旨，声称："我们的目标是要创造一个能为顾客提供娱乐的新型娱乐场所，索尼公司将努力实现数字时代的梦想。"数字化、娱乐化和寻求梦幻境界的技术、产品及软件是索尼公司网站的定位。

3.在线销售型站点

一个进行产品销售的在线型网站实质上是一个电子版的网上商场或商店，这些虚拟的"商店"通过精心编制的图片和文字来描述和展示它们所提供的商品，并标明商品的规格、价格等，进行网上的促销活动。这一类网站通常都采取用户会员制，便于商家将商品送货上门，以及网上交易完成后的售后服务。这类网站通常都提供操作简便的网上"购物车"系统，当网上消费者挑选了所需的商品后，就可方便地将商品放入"购物车"内。这类网站通常都设有网上结算系统，提供多种付款方式供用户自由选择。一旦商品被购买了，该网络营销商就得根据消费者的要求，安排商品销售的执行，包括商品的准备及运送安装等。商品销售的执行过程可以由网络营销商自己的货物配送部门来进行，可以直接由生产厂家通过特定的配送机制来进行，也可以由网络营销商所委托的专业货运公司来完成。这类站点的主要销售特征是，它们尽量进行一次结清的交易，而少产生、最好不产生后续的纠葛。

4.销售服务型站点

销售服务型网站通常是指那些能给访问者提供交互性信息服务的站点。互联网作为一种有效的信息沟通工具，使消费者与营销商之间能进行及时的沟通，消费者可及时地通过互联网得到有关的技术支持与售后服务。

最典型的是联邦快递公司(FedEx)的中国网站，该公司在其营销网站上向用户提供包裹运输服务和包裹跟踪查询功能。从1994年开始，该公司就通过网站向用户提供跟踪包裹传递状态的服务，1996年。FedEx又为用户增加了货物有序化服务，允许用户存储基本的账户信息，如包裹的起始和到达地址以及账单信息等。现在，在联邦快递公司的全部业务中，已有三分之二的用户联系是通过电子手段解决的，除了电话预约安排货物，更多的用户是通过FedEx的网站来跟踪包裹、安排货物和确定传递。联邦快递公司的站点除大大地方便了用户外，还为公司节省了不少的用户支持服务费用。

二、网络营销站点建设

(一)网络营销站点的规划

企业在网上的竞争优势源于上网前的网络营销站点的规划。企业上网前的网络营销站点的规划，就是要将其经营模式和方针在网络环境中重新规划整合一番，使企业营销体系与互联网的各种功能有机地结合成新的网络营销体系。该体系中包括寻找新的商机，抑制竞争对手，发现、吸引并留住用户，通过不断增加的产品和服务为自己的品牌增值等，具体应包括以下内容。

1.网站目标

企业网站目标就是企业在建网前的网站定位问题。企业打算利用网站进行哪些活动，达到什么目的，这是企业上网前首先要考虑的问题。常见的网站目标有：

(1)通过网站的建立试图销售更多的产品和为用户提供更多的服务。

(2)为用户提供良好的用户服务渠道。

(3)向来访者展示其他媒体所不能提供的人们感兴趣的信息。

2.确定网站访问者的范围(人群)

在确定了企业网站的建站目标后，就应该划定公司网站访问者的人群，考虑有哪些社会人群会经常访问公司的网站。在规划分析时应考虑到：

(1)预期网站的主要目标人群在哪些地区，人口结构如何。

(2)网站接入互联网的带宽应有多大，用户能否快速访问到网站的内容。

(3)哪些人群会经常访问公司的网站页面。

3.确定站点的结构和规划网站信息的内容

在考虑了站点的目标和服务对象以后，就可以规划和确定网站所应提供的信息和服务内容。在公司的网站上向访问者提供令他们感兴趣的内容，这是网站建设成败的一个非常重要的问题。但是，如何发展网站内容，还没有一个现成的模式或答案，需要每一家企业的网站建设者和有关的管理部门进行创造性的工作。在进行规划和设计时应考虑到：

(1)按照访问者的习惯规划网站的结构。

(2)结合公司经营目标和访问者的兴趣，规划和设计站点的信息内容和提供的服务。

(3)整合企业的形象，规划和设计网站的主页面的风格。

4.企业网站组建的规划

在分析研究了站点的战略影响和规划好站点的服务对象和经营目标后，就可以规划如何组织建设公司的网站了。规划如何组建网站时，应考虑以下几个方面。

(1)为组建企业营销网站，公司首次预计投入多少资金，当网站建成以后公司又能每年投入多少资金，因为这些关系到网站的初次建设和网站建成后的正常运转问题。有调查显示，一个网站每年用于站点维护的预算应当同最初建立网站时所花的费用差不多，至少应该达到原先投资总额的50%。而对于那些需要每天或是实时更新信息的新闻类站点或其他一些类似的站点来说，日常的网站维护费用就会更高。

(2)要确定公司网站系统是采取企业自己开发，采取委托他人开发，还是采取公司自己和他人合作的开发方式。

(3)在确定了网站系统开发方式后，要制订与已确定的开发方式相对应的人员组织和与其相关部门参与网站建设的计划。

(4)要确定网站建成以后的企业营销网站的日常运行和网站维护形式，以及网站以后的发展方向。

(二)企业网络营销站点的建设

在确定好企业网络营销站点的建设目标，规划好站点应具备的功能和风格以后，就可以进行企业网络营销站点的建设了。企业网络营销站点的建设涉及计算机的硬件和软件、通信网络、公司站点域名的申请、网络营销站点场地建设、网站内容设计和网页制作以及网站的推广等。

1.站点域名的申请

站点域名具体可分为国际域名和国家域名两种，例如，以".com"".net"和".org"结尾的属于国际域名，而国家域名则以本国代码结尾。国际顶级域名的注册，是由NSI(域名解析公司)负责，这是一家得到InterNIC(国际互联网网络管理中心)授权的公司。国际互联网网络管理中心是美国国家科学基金会名下的授权专门从事域名注册的分支机构，它事实上主宰着国际域名注册市场，并把管理注册权限授予NSI公司。而国家域名的注册和管理一般由各个国家的非商业性的权威机构负责。

CNNIC(中国互联网信息中心)负责中国域名的申请和管理。具体来说，它负责制定中国互联网域名的管理政策，负责认定、授权顶级域名".cn"的运行管理及".cn"以下域名的注册服务，负责和监督各级域名的注册服务。CNNIC除了将".edu.cn"域名管理权授予CERNET(中国教育科研网)外，还负责其他域名的申请和管理工作。需要说明，CNNIC只允许公司申请域名，而且不允许买卖域名，而InterNIC则对域名的申请不加任何的限制，任何人、任何单位，只要申请者每年缴纳固定的域名管理费，都可自由申请。

(1)决定申请何种级别的域名。

公司在决定申请域名时，首先要确定是申请国际域名还是国家域名。一个有远见的决策者应该同时在".com"和".cn"下为公司申请登记域名。很多国际跨国公司都采用这种方式。在申请域名时最好一并考虑进行防卫性注册，但申请多个域名的费用是累加的，因此，申请费以及以后每年的管理费都要考虑进去，即使公司申请的域名不用，这笔费用也要缴纳，否则域名管理机构将注销公司已注册的域名。

(2)确定公司网站的域名。

一个站点的域名是连接公司和Internet网址的纽带，是企业在网络上存在的标志，它担负着标示站点和导向公司站点的双重作用。域名对于在互联网上开展营销业务是十分重要的，被誉为网络时代的"环球商标"。无论是公司或个人，域名都是非常有价值的资产，它在互联网上造成的差别就是：很容易被发现或是完全被忽略。要让用户在数千万个域名当中，记住一个普通的域名，是一件非常困难的事情，因此，公司的域名要起得既容易记住又读起来上口，这样在互联网上开展营销时，就等于还没有起步，你就领先竞争对手一步了。域名也像产品的商标一样，是商家与消费者之间联系的纽带，对用户来说，域名就代表着公司网站。如果一个公司的域名就是该公司的名称或公司知名品牌的商标名，用户只要知道你公司的名称或知名品牌的商标名，也就知道公司的域名了，就能不费吹灰之力从浩瀚的互联网上找到该公司的方位，在该公司的网站上了解到所需要的信息。实际上，大量的网站域名正是用公司名称或公司的知名品牌商标名来取名的。

当公司已确定好域名并准备注册时，先要检索确认公司要注册的域名还没有被注册。如果选择的域名已经被注册，但公司又特别需要，这时可以去了解注册了该域名的公司的业务情况，如果属于域名抢注，一方面可以协商转让；另一方面对于恶意抢注者可以进行起诉。

(3)选择合适的网络服务商。

在具体申请注册域名时，企业可以直接向CNNIC申请，也可以委托网络服务商进行申请注册。如果用户直接向CNNIC申请注册域名，那么整个申请注册过程会比较长，如果是委托网络服务商的话，像中国万网(http://www.net.cn)这样的网络服务商，可保证国内域名3天、国际域名当天就能完成注册。因此，一般都选择委托网络服务商进行申请注册。

(4)申请登记注册。

申请国际域名的手续很简单，只要将选择好的域名以及有关资料发送给注册机构或者代理机构。但申请".cn"下的国内域名时，必须提供本单位的介绍信，单位的营业执照(副本)复印件或事业法人证书，注册商标证书复印件，承办人身份证复印件以及域名注册申请表等相应文件。

2.站点建设的准备工作

在企业实际建设网站前，还有一些建站前的准备工作要做，如选择网站服务器的建设方式(即是采用自设服务器还是虚拟主机)、网站服务器的确定、建设站点的资料准备等。

(1)选择服务器建设方式。

企业若建设自己的服务器，则需要投入很多资金，包括安装服务器、架设网络线路，以及网站运行时需要投入很多租用通信网络资金。对于一般的中小型企业来说，在建设企业网站时，通常都采用服务器托管、虚拟主机、租用网页空间或委托网络服务公司代理等方式，这样既能满足企业上网的需求，又能大大降低费用的支出。

所谓服务器托管，就是企业在建设自己的网站时，拥有自己独立的服务器，只不过是将服务器放在ISP，由ISP进行日常运行管理。企业维护服务器时，可以通过远程管理软件进行远程操作，企业可以租用ISP提供的服务器，也可以自行购买服务器，这样企业不但可以拥有自己独立的域名，而且可以节省架设网络和租用昂贵的网络费用。

虚拟主机则是利用ISP提供的主机为企业开设一个网站，该网站在外界看起来就如同企业自己建立的一样，但费用很低廉，而且可拥有高速的网络出口。虚拟主机的数据上载、更新等日常维护工作由用户通过FTP的方式来完成，网页则是直接存放在ISP主节点服务器上。

租用网页空间方式是比虚拟主机方式更简单的方式，用户甚至不需申请域名，而只需向网络服务公司申请一个虚拟域名，将自己的网页存放在ISP的主机上，用户同样可自行上载、维护网页内容，自行发布网页信息。

如果公司缺乏网络营销方面的网络专门人才，则最简单的方法就是采取委托网络服务公司代理方式，将公司所有产品或服务的网上推广工作全部委托专业的网络服务公司代理。目前提供此项业务的网络服务公司很多，用户只要选择好合适的网络服务公司，就能把公司的网上推广任务交给网络服务公司代理完成。

(2)Web服务器的准备。

网络营销站点是通过通信网络连接到互联网的，它主要通过Web服务器来与互联网进行信息交互，向外发布信息，用户只要在客户机运行通用的Web浏览器就能够访问Web服务器。并和服务器进行一定的交互，Web服务器是企业与用户交互的窗口，因此，Web服务器的建设是一个不可缺少的重要环节。

Web服务器的建设就是要选择一台服务器，安装上Web服务器软件，并对其进行正确的配置和管理，为信息发布提供软硬件的支持。目前，常用的Web服务器中，大型机厂商有IBM、SGI、COMPAQ、Unisys和日立等公司；中型(企业级)服务器的厂商较多，主要有、SUN、HP等；PC服务器(工作组级)是一种新型的，基于IA(Intel Architecture)系统架构，以32位处理器、32位或64位系统总线为基础的，在突出内存与硬盘容量和系统运行速度的同时更注重其稳定性、安全性和可用性的服务器系统。PC服务器的国际著名生产商有COMPAQ、DELL、IBM和HP等，国内有浪潮、联想、方正等。运行于服务器上的网络操作系统主要有Unix、Windows NT、NetWare以及Linux

等。Web服务器上比较常用的服务器软件有Microsoft Internet(IIS)、Netscape Enterprise Server、Domino Go Web Server、Apache HTTP Server以及IBM Websphere等。Web服务器的建设中的硬件和软件系统的选择与安装是一件技术性很强的工作，许多专业性公司都提供这种服务。

(3)站点资料准备。

在确定了网站服务器的建设方式后，接下来要做的一件事是为网站设计和开发工作准备有关的数据和各类资料。企业若要建设一个能提供企业信息发布、在线产品销售或在线服务、用户技术支持和信息反馈等功能的网络营销站点，则需要准备多方面的数据和各类资料。首先是有关企业需要反映到网站的一些数据资料，如公司的简介，产品的规格、图片、单价等内容；其次是准备一些公司有关用户技术支持方面的资料，如产品性能、使用方法、日常维护等内容，这些内容可以是文字、图像、动画、影视等类型的多媒体信息。

3.网络营销站点的设计和开发

网站建设是一项综合性的工程，它的成功要依赖于多方面的工作。在选择和确定了一个性能良好的网站服务器与平台后，下一个优先考虑的问题就是网站内容的如何发布和展示了，即站点的设计和开发。网站的设计和开发通常包括网站模式设计、网站内容设计和网站管理系统的设计。

(1)网站模式设计。

网站模式设计是一个站点开发设计的基础，它必须在进行网页设计制作之前完成，以便在制作网页时能遵循设计好的网站模式，保证制作完成后的网站能给访问者留下一个统一的整体形象，方便用户访问网站的内容。每个网站都可以设计有自己独特风格的网站模式，在网站模式设计中最大的忌讳是模仿和抄袭，而且这样做还容易引起知识产权的纠纷。

通常，在网站模式设计的过程中要注意的方面包括：有关页面版面的布局、页面的格式、页面的基色等页面规划和设计的问题，以及方便用户在访问网站的某一页面的同时，可以十分便利地通过链接直接访问和了解网站其他相关页面的站点导航模式设计的问题。

(2)网站内容设计。

网站向访问者提供令他们感兴趣的内容，是一件非常重要的工作，这是一个战略性的问题。但是如何设计和发展内容，却没有现成统一的答案，需要每一家企业与公司的站点建设者和有关管理部门进行创造性的工作。在网站内容设计方面，应注意以下几个问题。

①确定上网的目的和目标观众。网站内容取决于企业上网的目的和目标观众。准备建立网站的企业，应该首先确立公司上网的目的，准备面向哪些群体，这是很关键的，它将关系到网站向访问者提供什么信息，以及信息内容的深度、广度和信息的提

供方式等。企业还必须明白一点，特定的内容只能满足特定的目标客户群体，根本不可能取悦于所有的访问者。

②重铸企业现有的业务模式。创新对网上公司的业务开展，向访问者提供独特服务的重要性是显而易见的。网络意味着新的商业运行模式，要重铸公司现有的运作模式，并不是说要改变公司的业务。在这一方面做得最好的是网络设备供应商Cisco公司和计算机硬件供应商Dell公司。

通常，对大多数想发展网上销售的企业来说，首先想到的问题就是如何将公司现有的业务搬到网上去，而创新的要求往往会低一些，这无可非议。但是，公司的高层管理人员和网站的建设人员则应该时常提醒自己，互联网与其他的媒体不同，Web不仅仅是一种媒体，它还是网上交易的平台。网上营销有很多特性，如可以实现较低的营销成本，实现对市场更加灵敏的反应，实现全天候24小时的用户支持等。然而在Web上，如果只打算将公司原来的业务模式原封不动地搬到网上，那是注定要失败的。因此，企业要分析自己的业务，确定自己的目标，找出公司站点的目标观众，确定适合上网的内容以及需要扩展的功能。

③创造以用户为中心的营销环境。企业网站建设应该以消费者为中心而不是以企业为中心。在企业网站建设过程中，要尊重观众，处处为观众着想，为用户提供有价值的信息和服务，培养网站的人气是网站内容设计者应时刻注意的第一宗旨。关于这方面的工作，没有现成的答案，需要设计者开动脑子，做一些创造性的工作，可以借鉴他人的经验，也可以委托专业的服务公司帮助出谋划策。

④从文化角度进行网站内容的策划。每个人都有理性与感性的两面，换句话说，每个用户都有其理性需求与感性需求，网站内容要想打动访客，归根结底，无非是8个字：晓之以理，动之以情。网站除了要明确传递产品信息、传播企业的形象，还要从企业文化、宗旨等角度拉近与消费者的距离，使消费者在浏览的过程中有效完成市场定位。

(3)网络营销站点的网页设计。

网页设计，说简单一点不过是将文字、图片、表单、动画、声音等信息，按照HTML语言的格式和要求进行组织的过程。如今，借助于可视化的主页设计和其他有效工具，设计一个生动形象的站点，并不是一件十分困难的事情。

内容对网站建设来说十分重要，丰富而有趣的内容是吸引访问者的必要条件，也是企业网站的立足之本。在电子商务的时代，Web站点就是公司的门面，消费者与公司之间的业务往来是通过Internet进行的，Web站点已不再单纯是一种联系的通道。而且，用户往往可以通过站点情况(站点访问速率、提供的内容、页面的设计等指标)，来判断这家公司的经营规模、实力、信誉等。网上公司的站点向用户提供什么，提供的内容和服务对用户是否有吸引力。这些都将成为公司的网络营销站点能不能成功的关键因素。

网页内容，一般指文字、图片、动画、声音等信息。但是，在Web上，网页内容有更多层次上的含义。它可以是文字材料、漂亮的动画、数据图表或多媒体产品等，也可以是指网站所提供的软件下载服务等。简单地说，Web上的网页内容除包括传统上的含义外，还包括了网站所提供的各类服务，以及对它们的组织和构造。例如，美国的联邦快递公司(FedEx)在其公司的网站上提供了深受用户欢迎的包裹跟踪查询服务，这就是FedEx站点最亮丽的地方。

页面设计的第一步是确定站点的主题。所谓主题就是与企业宗旨相对应的概念，确定主题有助于开发既具有独特风格又前后一致的Web页面。站点的主题与企业的产品是紧密相关的，它既能反映企业从事的业务，又具有鼓动力和感染力，主题应通过主页上陈述企业任务的那句话反映出来。通常在进行网站主页设计时，要注意以下几点。

①主页简洁、生动，主题突出。要能使用户对公司的主页扫一眼就能马上明白你的企业是主营什么的。要达到这样的目的，最好及早设置阐明主题的句子，且要用区别于其他文本字体的醒目的形式显示，但最好少用图像形式，以免影响下载速度。这样只要屏幕上一出现信息，人们就能知道这是谁，它的业务是什么。

②尽量缩短下载时间。企业的网页设计者要记住，大多数的网上用户都是不耐烦的，如果能减少下载网页的等待时间，就更能让用户停留在你的网站上。通常网页的下载时间对大多数的调制解调器而言，最长不宜超过10秒钟。为加快下载速度，可调整图像尺寸、缩减文件大小，也可以使用渐进式图像或减少颜色数来减少文件的存储空间。

③树立一致的企业形象。结合公司现实世界中的企业形象，树立与其相一致的网上企业形象。网站的首页可视为企业的名片、宣传手册。其设计方式常采用醒目的企业标志图标，或以企业标志灰色图标作为背景；或采用模板、风格选单等设计手段，使企业站点的全部网页既能保持风格一致，又能反映各部分的特色；也可以运用站点人格化、个性化的手法，增加企业的形象特色。

④创建菜单栏，提供对关键页面的简捷的导航。网站首页应能提供一个简单的功能化界面，引导消费者简单迅速地到达他们所需信息的页面。要达到这个目标，可在首页上设置一个菜单栏，这个菜单栏可以是Web站点的最顶层目录，它能提供与相应关键页面的链接。这个菜单栏应出现在企业网络营销Web站点内的所有页面上，这样就能使用户更易于访问他所需的信息。菜单栏上使用的一种较流行的，而且易于创建的格式是一系列图形按钮，网站内的每一个按钮都应有文本信息并包含与Web站点其他页面的相应链接。通常情况下，这些按钮都设计成具有三维视觉效果的图形，按钮的设计和使用应与站点的主题保持一致。

⑤设置"News"的链接与快速联系。企业网站的页面设计还有一个十分重要的工作，是关于企业或产品的新闻或信息的链接，通常应设计成让用户只需单击一下的按钮"News"或"What's New"，即可方便地获得有关公司的最新消息。经常访问Web站点的用户会很看重网站首页到最新信息的链接。

另外，还要注意页面色彩的协调。

(4)网站管理系统的开发。

网站管理系统是指运行在Web服务器上的网站管理软件，虽然有许多支持网站管理的软件，但由于各网站模式不同，因此针对不同的网站需要开发不同的管理系统。例如，网站要每天实时更新有关内容，那就要开发出专门的页面发布的管理软件，否则若用人工负责维护，则维护的工作量太大。另外，为了解网站运转情况，需要对网站访问情况进行跟踪调查，这一网站跟踪工作以及跟踪结果的统计和分析任务也应该开发专门的跟踪系统管理软件。具体是购买市场上现成的管理软件还是公司自己开发专用的管理软件，则要视网站的具体情况而定。

(三)网络营销站点的运作和管理

网络营销站点开发成功以后，就可以开始让网站投入正常运行，而网站的日常管理工作也相应地可以开展了。网站的运作和管理通常包括站点的推广和网站的维护工作。

1.网络营销站点的推广

网络营销站点是企业在网上进行营销活动的阵地，站点能否吸引大量的网上观众是企业开展网络营销成功的关键。站点推广就是通过对企业站点的宣传来吸引用户的访问，同时也是树立企业网上品牌形象，为实现企业的营销目标打下坚实的基础。

(1)利用搜索引擎。

搜索引擎是一个非常有效的网络站点推广工具，几乎每一个在网上要查询信息的人都要使用搜索引擎，因此在著名的搜索引擎上进行注册是非常必要的，而且在有些搜索引擎上进行注册往往是免费的。

(2)建立链接。

互联网的一个特点就是通过链接将所有的网页连接在一起。国外有学者经过大量的统计分析发现，两个不同的网页通过多次的链接点击，可以从一个网页找到另一网页。因此，与不同的站点建立链接，可以缩短网页之间的距离，提高站点的被访问概率。通常有以下几种链接方式。

①在商务链接站点申请链接。企业网站可以向网络上的许多商务链接站点申请链接，如果公司能在网上为用户提供一些免费的服务，那么就能吸引许多商务链接站点为公司建立链接服务。

②在行业站点上申请链接。在企业所属的行业内，会有一些不同类型的商务组织，而这些组织通常建有会员站点，可以向它们申请一个链接。

③申请交互链接。企业可以寻找具有互补性的站点，并向它们提出进行交互链接的要求，最好能为通向其站点的链接设立一个单独的页面，这样就能让用户浏览到自己的网站。

(3)发送电子邮件。

通过电子邮件来宣传和推广网站，这是不少企业网站常用的方式。在利用电子邮件宣传和推广网站时，首先要收集电子邮件的地址，寻找和收集电子邮件地址时，通常可利用站点的反馈功能记录愿意接收电子邮件的用户的电子邮件地址，以避免发送一些令人反感的电子邮件。另外，也可以租用一些由商用网上服务公司收集的愿意接收电子邮件信息的通信列表，来发送电子邮件。

(4)发布新闻。

企业要及时掌握具有新闻性的事件(如网站开通或某项新业务的推广)，将新闻发送到公司的行业站点或在其他新闻媒体上进行网站推广。也可以在网上的公告栏或新闻组中加以推广，通常公司可以加入这些讨论，而后让公司邮件末尾的"签名档"发挥推广的作用。

(5)提供免费的服务。

在网上提供免费的资源服务，其时间和精力的代价是较昂贵的，但可在增加站点流量的功效上得到回报。但是，你所提供的免费服务应与企业所经营的产品相关，这样在吸引来访者的同时，也可以使其成为良好的业务对象。

2.网站的维护

作为一个网络营销网站，在网站开通后的日常运行时间内，要定期地更新网站的内容。倘若公司的网站内容长时期不作更新，则浏览公司网站的用户一定会越来越少。因此，网站的日常维护是一件关系到网站生存的重要工作。通常的网站维护工作有如下方面。

(1)企业信息的定期更新。

根据企业网上经营商品的实际情况，来确定网上信息的更新周期，有些企业网站的信息则需要每天即时地更新，而多数的企业则不需要那么频繁，但是也必须定期更新。

(2)网站页面的更新。

作为一个企业的门户网站，其网站页面的格式和版面，也不能一成不变，因为人们不免总有一种喜新感，倘若公司的网站形象长时期不做更新，也会流失一部分用户。

(3)有效链接的维护。

在现今的互联网上，每天都有新的站点在产生，每天也有生存不下去的站点在消失，由此产生的是不少原有的链接现在失效了。若不经常维护这些已失效的链接，人们会对该网站产生抱怨，因此企业要经常及时地维护这些已失效的链接。

(4)网站的完善性维护。

在建设好一个企业的网站后，并不是网站建设工作的完成，而是需要日后的不断修改完善。一个成功的网站也不是在刚建立时就成功了，而是通过企业网站的工作人员长期的努力，在实际工作中进行长期积累、总结经验、不断创新等工作后才取得成功的。

3.网上资源的运作管理

互联网提供了许多有效的可用于进行营销的服务，有的称其为"因特网外向的市场营销战略"，即需要把信息向外传送给用户，而不是坐等用户来到公司网站。这主要有电子邮件(E-mail)、邮件列表(Mailing List)和新闻组(Newsgroups)，它们分别是一对一、一对多和多对多的信息交流方式。

电子邮件营销管理的方式主要有以下几种。

(1)建立电子邮件数据库。

企业建立电子邮件列表，可使其成为公司重要的营销资源。可以从多种途径收集地址，建立电子邮件数据库。收集电子邮件地址的方法很多，通常有现有用户资源、网站访问者、他人推荐、租用电子邮件列表以及通过会员组织取得用户的电子邮件地址。

(2)创立签名文件。

签名文件也称为邮件落款，它好比是互联网上的广告牌。签名文件一般是在每封电子邮件下方都附有网址及一小段介绍网站的文字，这段文字是由电子邮件服务器提供的。因此，可以在每封电子邮件之后自动附上有关公司网站推广和营销信息，通常签名文件内容不超过7行，否则其效果将大打折扣。

(3)利用自动回复系统。

电子邮件的自动回复系统，是一种专用于回复大量的用户电子邮件的程序，常见的有Mailbot(Mail Robot的缩写，邮件机器人)、Infobot(Information Robot的缩写，信息机器人)以及Autoresponder(自动回复器)等。这种程序通过对所有收到的电子邮件的主题句中具体语句的识别，或者通过寻找具体的地址或别名的方法，把事先准备好的信函自动发给使用者。

Internet邮件列表(Mailing List)是在线用户自愿加入形成的一个社团，实际表现为一组成员的电子邮件地址列表。企业可以通过预订邮件列表，找到感兴趣的邮件列表的名字、主题和电子邮件地址，参加讨论和发表意见，或提供有用的信息。企业也可以建立自己的邮件列表，则可让列表能更符合本公司的兴趣，更容易把自己树立成专家的形象。其中的话题可以集中在公司的产品、行业或者相关的主题上。

如果把电子邮件比喻为私人谈话，将Internet邮件列表比作是一个聚会，那么网络新闻组就像是广场上的公开讨论。因此，企业可以利用新闻组来传播营销信息。但是在决定利用新闻组来传播营销信息时，一定要掌握新闻组的真实情况，因为每一个新闻组都是一个具有自己独特的文化、语言、历史和居民的社区。若侵犯了这种文化，你的公司在这个新闻组中的地位，就像是一位酒业推销员来到了一个禁酒集会上的地位一样，将十分尴尬。

(四)网站建设的原则

企业网站的重要性毋庸置疑，但是有一个不容忽视的问题，许多企业仅仅停留在有网站的阶段，他们并没有意识到一个界面粗糙、内容单一、流程混乱、安全性差的网站，会给访问者留下极差的感觉，可能会严重破坏企业的整体形象。因此，在企业网站建设过程中要遵循以下一些原则。

1.目的明确

任何一个网站，必须有明确合理的建站目的和目标群体。首先，必须解决网站是面对客户、供应商、消费者还是全部，主要目的是介绍企业、宣传产品，还是为了实现电子商务等诸如此类的问题。如果目的不是唯一的，还应该清楚地列出不同目的的轻重缓急顺序。网站建设包括类型的选择、内容功能的筹备、界面设计等各个方面，都受到建站目的的直接影响。因此，网站建设的目的是一切原则的基础。另外，该目的必须是在当前的资源环境下能够实现的，不切实际的目标没有外界条件的支撑是无法实现的。

2.体现专业性

企业基于互联网平台发布信息，进行宣传，以争取创造更多的商机，因此，网站信息内容应该充分展现企业的专业特性。主要表现在以下几个方面。

(1)完整无误地表述企业的基本信息，包括企业介绍、业务范围(产品、服务)及其主次关系、企业理念等，同时还要提供企业的地址、性质、联系方式。

(2)如果是上市公司，提供企业的股票市值或者链接到专门的财经网站将有助于浏览者了解企业的实力。

(3)所提供的信息必须是全面的、专业的、有效的，具有独创性的。具体而言应具有以下特点。

①全面性：对所在行业的相关知识、信息的涵盖范围应该全面，但是内容本身不必做得百分之百全面。

②专业性：所提供的信息应该是专业的、有说服力的。

③时效性：所提供的信息必须至少是没有失效的，这保证了信息是有用的。

④独创性：具有原创性、独创性的内容更能得到重视和认可，有助于提升浏览者对企业本身的印象。

⑤所提供的信息是容易检索的。

(4)如果企业的客户、潜在客户包含不同的语系，则应该提供相应的语言版本，至少应该提供通用的英语版本。

3.功能实用

网站提供的功能服务要尽量切合实际需求。

(1)每个服务必须有定义清晰的流程，每个步骤需要什么条件、产生什么结果、由谁来操作、如何实现等都应该是清晰无误的。

(2)实现功能服务的程序必须是正确的、健壮的(防错的)、能够及时响应的、能够应付预想的同时请求服务数峰值的。

(3)需要人工操作的功能服务应该设有常备人员和相应责权制度。

(4)用户操作的每一个步骤(无论正确与否)完成后应该被提示当前处于什么状态。

(5)当功能较多的时候,应该清楚地定义相互之间的轻重关系,并在界面上和服务响应上加以体现。

(6)服务成功递交以后的响应时间通常不应超过整个服务周期的10%。

4.界面易操作性

界面设计的核心是让用户更易操作,需要遵循以下原则。

(1)层次性。

条理清晰的结构,表现为网站的板块划分的合理性,需要注意以下几点:

①板块的划分应该有充分的依据并且是容易理解的;②不同板块的内容尽量做到没有交叉重复内容,共性较多的内容应尽量划分到同一板块;③在最表层尽量减少划分的板块数量,通常控制在4~6比较合适;④划分后的结构层次不宜过深,通常不超过5层为佳;⑤在安排层次的时候要充分考虑用户操作,比较常用的信息内容、功能服务应该尽量放到更浅的层次以减少用户点击次数;⑥信息内容的获取和功能服务的过程都应该尽量将所需要进行的步骤控制在3~5步,不得不需要更多的步骤的时候应该有明确的提示。

(2)一致性。

页面整体设计风格的一致性:整体页面布局和用图用色风格前后一致。

界面元素的命名的一致性:同样的元素应该用同样的命名;同类元素命名满足一致性,做到即使某个元素的表述不清楚也能从上下文推断其义。

功能一致性:完成同样的功能应该尽量使用同样的元素。

元素风格一致性:界面元素的美观风格、摆放位置在同一个界面和不同界面之间都应该是一致的。

(3)精简性。

每个界面调出的时间应该在可以接受的范围之内,当必须耗用较长的时间时应该有明确提示并最好有进度显示。

当不同的方式能够达到相同或近似的效果时,总是应该选取令客户访问或使用更简单快捷的方式(在开发资源差别可忽略的情况下),如尽量减少客户端插件的使用。针对目标群体的需要应充分考虑浏览器兼容性、字体兼容性和插件流行程度等。

主要界面尽量不超过浏览器高度的200%,大量信息内容尽量不超过浏览器高度的500%。如果超过,应该使用页内定位或者进行分页。主要的信息应该放在突出的位置上,常用的功能则应该放到容易操作的位置上。应该具有明确的导航条和网站地图提供快速导航操作,同时对于专业的术语、复杂的操作等有直接的容易理解的帮助。在风格允许的情况下,可以适当增强交互操作的趣味性和吸引力。简单有效的个性化有助于增强界面的易操作性。

命名应该是简洁的、定义清晰的、易明且不易相互混淆的；对于目标群体而言，尽量不使用较为生僻的词语，如果一定要，则应给出容易理解的解释。

错误或者无效的链接是界面设计的大忌之一。

5.界面艺术性

网页创作本身已经成了一种独特的艺术，要达到吸引眼球的目的，再结合界面设计的相关原理，形成了一种独特的艺术，这使得企业网站的设计应该满足以下几点。

(1)遵循基本的图形设计原则，符合基本美学原理和排版原则。

(2)对于主题和次要对象的处理符合排版原理。

(3)全站的设计作为一个整体，应该具有整体的一致性。

(4)整体视觉效果特点鲜明：体现在页面版式结构、用色、线条和构图、配图的精细及美观程度、元素风格、整体气氛表达、字体选用上。

(5)整体设计应该很好地体现企业CI，整体风格同企业形象相符合。

(6)整体设计应适于目标对象的特点。

6.卓越的访问性能

网站正常的访问性能主要体现在以下八个方面。

(1)访问速度：取决于服务器接入方式和接入带宽、摆放地点、硬件性能和页面数据量、网络拥塞程度等多方因素。如果目标群体不只本地，则还应考虑地理因素造成的性能下降。

(2)可容纳的最大同时请求数，取决于服务器性能、程序消耗资源和网络拥塞程度等因素。

(3)稳定性：平均无错运行时间。

(4)程序性能：响应请求并运行，得出结果的平均时间。

(5)错误的检测和拦截。

(6)扩展性安全性：关键数据的保护。例如，用户数据等功能服务的正常提供。

(7)网站的防攻击能力。

(8)对异常灾害的恢复能力。

7.经常维护更新

网站的不断更新是其具有生命力的源泉之一，网站的最大特点是它总是不断变化的。对于三种类型网站而言，更新的重要性通常为基本信息型、多媒体广告型、电子商务型。网站更新指标包括信息维护频度和改版频度。其中影响维护的一个重要元素是网站界面和功能开发所选用的技术。

8.确保发挥作用

网站必须被访问和使用才有价值，再好的网站，如果没有人访问和使用也是毫无价值的。

(1)设计好域名。

一个企业网站首先被看到的是其域名，好的域名更利于被访问。因而域名设计是企业网站的重要元素：域名应该尽量容易理解和记忆，并且尽量简短；当难以简短的时候，宁愿放弃无意义或者难以理解的字符数字组合而选用稍长一点的域名。域名设计应充分考虑目标群体的特点，例如，如果要做到国际化，域名包含汉语拼音显然是不可取的。域名应该尽量有意义并反映网站的实质作用，一定要做到不可有歧义。企业网站本身应该就是企业CI的一部分，应该出现在企业常备的名片、目录、信封里，出现在企业的各种广告里。

(2)使用搜索引擎。

登录搜索引擎是一种行之有效的推广方法，在常用的大型搜索引擎登录，设计更准确和全面的关键词，可以增加被正确检索的机会。

(3)积极进行网络推广。

与同类或者相关类型企业网站结为联盟或者结成伙伴关系，也有利于网站的有针对性的推广。

结合企业本身的宣传推广活动和促销活动，加强网站上的宣传和利用。

企业网站可以针对其目标群体特点采用一些其他的推广方法，如座谈会等。作用比较突出的甚至包含品牌形象的网站也可以采用以单独广告投入的方式进行宣传，如网上银行等。

9.反教条

原则是为目的服务而不应成为教条。任何原则都是为目的而制定的，如果所采用的方法确实能够更好地达到目的，那就不必受原则本身的桎梏。每一项指标在不同的网站都有不同的重要性，根据实际情况可以降低其重要程度甚至舍弃；同样，对达到目的更具意义的指标可以相应提高。

多媒体广告型网站是一个特别的类型，因为广告思维本身常常是打破常规的，因此对于多媒体广告型网站来说，有些原则并不实用，但是这种类型的网站仍应遵循目的性、性能需求、维护需求和发挥作用的原则。

三、企业网站建设必须注意的问题

企业设置营销网站必须注意如下问题。

1. 网站规划和栏目设置要合理

主要表现在栏目设置不应有重叠、交叉，或者栏目名称意义不明确，容易造成混淆，使得用户难以发现需要的信息，故要避免栏目过于繁多和杂乱而使网站导航系统混乱。

2. 重要信息要完整

企业介绍、联系方式、产品分类和详细介绍、产品促销等是企业网站最基本的信息，企业网站上这些重要信息要完整。

3. 网页信息量足够

包括两种情况：一种是页面上的内容，或者将本来一个网页可以发布的内容分为多个网页，而且各网页之间必须有相互链接，不需要再次点击主页；另一方面是尽管内容总量不少，但有用的信息少，笼统介绍的内容多。

4. 防止栏目层次过深

重要的信息应该出现在最容易被用户发现的位置，应尽可能缩短信息传递的渠道，以使企业信息更加有效地传递给用户。

5. 网站要有利于促销

通过网站向访问者展示产品、对销售提供支持，有多种具体表现方式，如主要页面的产品图片、介绍、通过页面广告较好地体现出企业形象或者新产品信息、列出销售机构联系方式、销售网店信息等，或者具有积累内部网络营销资源和拓展外部网络营销资源的作用。

任务三　网站易用性研究

网站易用性是网站的一种品质属性，是一种以使用者为中心的设计概念，易用性设计的重点在于让产品的设计能够符合使用者的习惯与需求。对于网站来说，就是能让使用者在浏览的过程中不会产生压力或感到挫折，并能让使用者在使用网站功能时，用最少的努力发挥最大的效能。网站易用性是网站生存和成功的必要条件。如果网站很难用，用户就会离开；如果网站不能清楚地呈现公司的主要业务以及用户可以做什么，用户也会离开；如果用户在网站中迷路了，他们也可能会离开；如果网站的信息很不方便阅读或者不能解答用户关心的问题，用户也会离开……用户不会花很多时间耐心研究这个网站怎么用，因为还有很多其他类似的网站，离开是解决困难的首选。由此可见，网站若能给用户良好的第一印象，就能大大提高用户的黏性并为提高网站转化率做好铺垫。

人们通常认为网站易用性有五大品质要素。

1.易懂、易学

这是指用户首次进入网站并完成该网站基本任务的容易程度。

2.高效

这是指当用户熟练使用网站后，完成任务需要的时间的长短。

3.易记

这是指当用户中断使用网站一段时间后，再次回到网站时，能否再次熟练上手。

4.出错率

这是指用户在使用网站过程中出现多少错误，这些错误有多严重，出错后能否轻易修正错误。

5.满意度

这是指用户对于网站使用的整体满意程度。

当然，还有很多其他重要的品质属性，其中最基本的前提是网站对用户"有用"，即"实用性"，即网站能否为用户提供有价值的信息、功能等，以满足用户的访问需求。在这个基础上，才能谈网站易用性，否则一个再好用的网站功能，如果对于用户来说没多大价值，那也没有意义。

2008年8月中国知名网站用户速度体验50强

艾瑞咨询研究发现，一些知名品牌自身的网站访问速度过慢或访问不稳定，会严重影响用户体验，使网民对企业的技术和品牌本身产生怀疑，甚至把网民推向其他竞争网站。

艾瑞咨询作为网络经济行业领先的第三方研究咨询机构，研发出网络测速工具iWeb Speed，在每月的中国主流行业网站监测数据的基础上，推出《中国知名网站用户速度体验监测报告》，帮助客户针对自身网站状况，合理配置网站资源，优化用户体验，提升网站行业竞争力。

艾瑞监测报告数据是根据中国各地区10万多个测试点，通过监测各行业网站在不同地区、不同ISP和不同时间的用户使用情况，获取HTTP/DNS两个方式相关数据下载的时间、速度等基本数据，在此基础上建立综合指标体系，从不同维度定量反映网站服务质量。

同时，艾瑞咨询将为客户提供从底端网站访问数据监测到网站易用性整体研究结果，包括网站技术诊断、内容价值诊断、网站流程架构诊断、网站用户体验研究、网络营销优化解决方案。

此次排行，艾瑞咨询选取263家各行业网站中的50家知名网站用户体验监测结果，各网站可根据自身排行情况及竞争对手状况，做出相应改进。

艾瑞咨询根据最新推出的网络测速工具iWebSpeed的最新数据研究发现，2008年8月，中国知名网站50强用户速度体验综合指数排行中，综合门户类网站的搜狐居首位，中国工商银行网站和易趣网站分列第二、三位。在排名前十的网站中，七家为网络媒体类，只有三家为企业类网站。

在单个指标中，网易网站速度最快；京东商城网站可靠性最好；均衡性最好的是中国银行网站。

一汽大众、喜来登和一汽轿车网站位列后三位，其中喜来登网站的速度指标排在最后，一汽轿车网站的可靠性指标与其他网站相比差距较大。

任务四　网站诊断

经过一轮互联网的洗礼，大部分的企业已经拥有了网站，这些网站效果如何呢？如何才能吸引网民，强化网络消费者的忠诚度、美誉度？这就需要对网站进行网站诊断。网络诊断是网络营销管理内容之一，顾名思义就是针对网站是否利于搜索引擎搜索、是否利于浏览和给浏览者美好的交互体验以及是否利于网络营销的一种综合判断行为，说得简单点就是查看一下网站在搜索引擎里面的表现情况，找出网站的弊病在哪里，让网站符合搜索引擎的标准。

一、网络诊断的内容

网络诊断从网站流量、栏目、内容、界面、功能、搜索引擎排名六个方面进行。

1.网站流量分析

原有网站的访问量有多少？这些流量是从哪些网站过来的？用户访问最多的是哪个栏目？用户搜索的关键词有哪些？通过对网站统计数据的分析，网站策划者可以了解到用户对企业网站的关注度，从而制定有针对性的改版目标。

2.网站栏目分析

原有网站的栏目设置是怎样的，用户最喜欢访问哪个栏目，哪些栏目无人问津？栏目的名称看上去清楚吗，会不会拗口或者有歧义？一共有几层栏目，栏目之间是否相互补充，而不会互相重叠？网站栏目是一个网站的纲领，必须做到结构清晰、逻辑合理。

3.网站内容分析

网站的公司介绍是否阐述完整，产品介绍是否突出核心卖点，服务内容和服务流程是否表述清晰，新闻是否保持定期更新？网站内容是一个网站的核心，只有内容完整的网站，才算是"活"网站。

4.网站界面分析

网站的设计是否与企业VI相统一？是否能够体现出行业属性和企业特色？网站界面的色彩是否适于阅读，界面布局是否重点突出、主次分明？网站界面设计决定了客户的停留时间与访问次数，也决定了客户对企业的印象。

5.网站功能分析

网站功能使用是否方便、易用、快捷?网站功能是否有错误?网站功能流程是否合理?只有易用而便利的功能,才能吸引客户深入使用,并愿意再三光临。

6.搜索引擎排名分析

在搜索引擎搜索相关关键词时,企业是否能够排列在搜索页面前列?企业的网站优化程度如何?网站排名如何?

二、网络诊断的方法

这里将分别介绍网络诊断的方法及故障检测工具两方面内容。

(一)诊断方法

为了降低设计的复杂性,增强通用性和兼容性,计算机网络都设计成层次结构。由于各层相对独立,按层次排查能够有效地发现和隔离故障。

通常有两种逐层排查方式,一种是从低层开始排查,适用于物理网络不够成熟稳定的情况,如组建新的网络、重新调整网络线缆、增加新的网络设备;另一种是从高层开始排查,适用于物理网络相对成熟稳定的情况,如硬件设备没有变动。无论哪种方式,最终都能达到目标,只是解决问题的效率有所差别。

在实际应用中往往都采用一种折中的方式,凡是涉及网络通信的应用出了问题,可以直接从位于中间的网络层开始排查,首先测试网络连通性,如果网络不能连通,再从物理层(测试线路)开始排查;如果网络能够连通,再从应用层(测试应用程序本身)开始排查。

在TCP/IP网络中,排查问题的第一步常常是使用ping命令。如果成功地ping到远程主机,就排除了网络连接出现故障的可能性。即使是使用ping命令,也有一个逐步检测判断的步骤。例如,假设有一个如下图(图2-1)所示的网络:

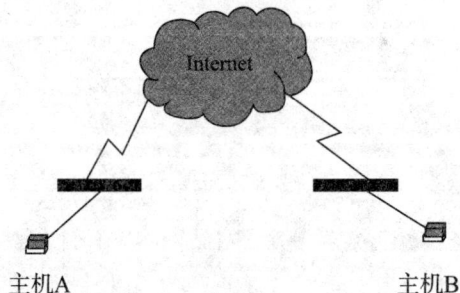

图2-1

这里要测试网络能否正常通信。通常从ping远程主机开始(例如,在主机A上ping主机B),成功则说明系统和网络正常,失败则说明主机离线或者网络故障或者主机B禁止ping操作。失败后再ping路由器出口地址(例中为路由器WAN口地址)来确认主机A是否能够通过路由器。失败后再ping同一子网的网关(例中为路由器的LAN口地址)来确认主机A是否能够连接到路由器。失败后再ping网卡地址来确认网卡是否工作正常。失败后再ping本地环回地址127.0.0.1来确认TCP/IP协议软件是否存在问题，如果有问题，需要重新安装TCP/IP协议栈。这里也可以采用另外一种步骤，从ping本地环回地址127.0.0.1开始，直到最后ping远程主机。只要成功地ping到远程主机，可以判断网络问题一般发生在更高层次。

(二)检测工具

Windows系统为我们提供了一个命令行检测工具，与图形界面下工具相比，命令行检测工具小巧适用，也提供了很多命令，对我们排查网络故障有很好的帮助。下面就简单介绍几个常用命令。

1.ipconfig

ipconfig命令主要用来显示当前的TCP/IP配置。也用于手动释放和更新DHCP服务器指派的TCP/IP配置，这一功能对于运行DHCP服务的网络特别有用。

要发现和解决TCP/IP网络问题时，通常首先检查出现问题的计算机上的TCP/IP配置。使用ipconfig/all命令可获得全面的主机配置信息，即包括总体的IP配置信息，如主机名、IP地址、DNS、MAC地址等。

2.ping

ping命令用于测试IP网络的连通性，只有在安装了TCP/IP协议后才可以使用。一般使用ping命令来测试连接，向目的计算机的IP地址(或主机名)发送ICMP回应请求包。可以按以下步骤测试。

(1)ping环回地址127.0.0.1，验证是否在本地计算机上安装TCP/IP以及配置是否正确。执行命令ping127.0.0.1，如果不成功，应安装和配置TCP/IP之后重新启动计算机。

(2)ping本地计算机或网卡地址，验证是否将当前计算机正确地添加到网络。

(3)ping默认网关，验证默认网关是否运行以及能否与本地网络上的本地主机通信。

(4)ping远程主机，验证能否通过路由器进行通信。如果有问题，可检查路由器配置。

3.arp

该命令可以查看和修改本地计算机上的ARP(地址解析协议)表项。该表项用于缓存最近将IP地址转换成MAC地址的IP/MAC地址对。目前极为流行的ARP欺骗就是利用这个协议。

arp命令最常用的是查找同一物理网络上的某主机的MAC地址，并给出相应的IP地址。如果要想确定另外一个主机的MAC地址，通常先ping该主机，然后使用arp-a命令。

要删除本地计算机上的ARP条目可以使用命令arp-d。要绑定某台主机的IP与MAC

地址可以使用命令arp-s 192.168.1.1 aa-bb-cc-dd-ee-ff，这样这个条目就变成静态ARP条目，永远不会失效。

这样绑定的好处就是可以防止ARP病毒欺骗电脑。不过值得注意的是，这里绑定过后的条目在重启计算机后将失效，如何使其能每次重启后都有这样的绑定呢?我们可以新建一个批处理文件如static-arp. bat，注意后缀名为bat。打开电脑"开始"→"程序"，双击"启动"打开启动的文件夹目录，把刚才建立的static-arp. bat复制到里面去，在里面加入我们刚才的命令保存就可以了。以后可以通过双击它来执行这条命令，还可以把它放置到系统的启动目录下来实现启动时自动执行。

任务五　网站优化

网站优化就是通过对网站功能、网站结构、网页布局、网站内容等要素的合理设计，使得网站内容和功能表现形式达到对用户友好并易于宣传推广的最佳效果，充分发挥网站的网络营销价值，是一项系统性和全局性的工作，包括对用户的优化、对搜索引擎的优化、对运营维护的优化。网站优化已经成为网络营销经营策略的必然要求。

许多企业在策划和建设阶段没有做好企业网站的优化设计工作，而在进行搜索引擎推广时才不得不面对这一尴尬的问题，由于这些简单的错误而影响了网站推广的时机和效果。网站优化不必支付按点击付费的费用。互联网上的免费大餐太多，所以有机会节约网络营销成本就抓紧时间进行网站优化。

一、网站优化的基本要素

一个优秀的网站有哪些基本的要素呢?从实际应用的角度出发，通过对大量网站的研究和分析，归纳出一个成功网站所必须具备的以下八项基本要素。

1.页面下载速度快

人们浏览一个网站是为了获取某些需要的信息，页面下载速度是一个优秀网站的第一要素。在网络速度相当缓慢的条件下，更应该为节省访问者的时间精心设计。据研究发现，页面下载速度是网站留住访问者的关键因素，如果20～30秒还不能打开一个网页，一般人就会没有耐心。如果不能让每个页面都保持较快的下载速度，至少应该确保主页速度尽可能快。

在目前的情况下，保持页面下载速度的主要方法是让网页简单，仅将最重要的信息安排在首页，尽量避免使用大量的图片，更应避免有自动下载音乐软件或其他多媒体文件，因为在目前的网络技术条件下要下载图片或其他音频、视频文件，远比下载文字费时，网民等不及图片整幅出现，就已不耐烦地转到别的网页去了。

虽然大量使用文字降低了网页的视觉效果，显得有些呆板，不过根据加拿大最近一项"网民网上看什么"的调查显示，互联网用户92%的上网时间用来看文字资讯。可见网上内容仍应该以文字为主。

2.使用方便

网站吸引用户访问的基本目的无非是出于几个方面：扩大网站知名度和吸引力；将潜在顾客转化为实际顾客；将现有顾客发展为忠诚顾客等。虽然网站设计没有统一的标准，但是，为用户提供方便的使用是一个成功网站必备的条件，包括方便的导航系统、必要的帮助信息、常见问题解答、尽量简单的用户注册程序等。

然而，实际上许多网站缺乏针对性和方便的导航系统，难以找到链接到相关网页的路径，也没有提供有助于找到所需信息的帮助，要么把所有的导航信息都放置在杂乱的按钮和文本链接上，要么将许多用户关心的信息埋藏在多层目录之中，任访问者在那里不知所措或凭借运气去寻找有关内容。

造成这种状况可能有许多原因。例如，一般来说，网站设计者都是老练的计算机用户，他们错误地认为浏览者会和他们一样熟练。设计人员也许还忽略了另外一个现实，即只有大约50%的浏览者是由主页进入其他网页的，总是错误地以为人们会从网站主页进入其他页面，于是只在主页设置了导航说明，访问者在其他页面则无法了解网站的概况及所处的位置，尤其对于新手来说，往往不知道该如何进入其他页面。

3.保持系统正常运行

系统正常运行包含两方面的含义，一方面是网站服务器的正常工作；另一方面是网站内容及功能的正常运行。

网站的正常运行是保证用户能够正常访问以及获得用户信任的基础条件，似乎没有必要过多讨论，但实际上不少网站并不能做到这一点。有些网站似乎并没有考虑服务器的承受能力，发出大量的新开张或新功能、新服务的新闻之后，许多用户根本无法正常浏览该网站。另一种情形是，在网站功能还没有建设完成之前就迫不及待地公开发布，用户看到的只能是"网页内容建设中"的告示，不仅挫伤了用户的积极性，更重要的是严重损害了网站的形象，而且可能永远失去遭遇这种经历的潜在顾客。

例如，在一个购物网站，当你辛辛苦苦地找到了自己所需要的商品，并一一放入购物车，到最后提交订单的时候，得到的是"发生内部错误"或者"服务器正忙，请您稍候再来"之类的反馈信息，你对这样的网站能产生信心吗？你能成为该网站的忠诚顾客吗？

4.无错误链接

网页上的错误链接常常是人们对网站抱怨的主要因素之一。我们时常可以看到"该网页已被删除或不能显示""File not found"等由于无效链接而产生的反馈信息，这种情况往往让人造成这种现象可能有多种原因，比如，网络负载过重、对方的服务器关闭、被链接网址内容已经撤销等情况都可能导致链接不上。但是这种情况如果发生在自己网站内部的网页，则需要认真检讨了。即使是由于被链接网站的原因产生失效的链接，也应该尽量避免，因为用户并不区分这种情况是什么原因造成。

减少错误链接需要网站管理员高度的责任心，首先在将每个链接放到网上之前，应该对其有效性进行验证，但由于Web站点经常会发生变化，因此Web管理员在将其放到Web站点上之后，还必须定期对其进行检查，以确定它们目前是否有效。要想完全避免这样的情况可能会有一些困难，但如果每一个Web站点都很注意这一点，整个情况可能就会大为改观。

5.联系信息方便多样

虽然互联网时代为人们提供了更为便利的沟通手段，如电子邮件、留言板、即时信息等，但是对于许多新顾客来说，仅在网站上留下这些联系方式还不够，有时候顾客更倾向于电话和传真等通信方式，邮政地址和公司各分支机构的地址等信息也能为用户带来更大的方便。

如果网站同时可以提供800免费服务电话和其他联系方式，相信不仅可以体现公司的实力，而且更能充分体现良好的顾客服务。

6.保护个人信息

为了提供个性化服务或者收集潜在用户信息，许多网站要求用户首先注册成为会员，网站收集用户资料有何目的?如何利用用户的个人信息?是否将用户资料出售给了其他机构?是否会利用个人信息向用户发送大量的广告邮件?用户是否对此拥有选择的权利?填写的个人信息是否安全?是否能获得必要的回报?这些都是用户十分关心的问题，如果网站对此没有明确的说明和承诺，这样的网站显然缺乏必要的商业道德，或者至少可以被认为对用户不够尊重。

有资料表明，96%的网络用户认为网站公布个人信息保护措施十分重要。大约有77%的互联网用户甚至为避免在一些网站登记个人信息而离开，人们不热衷于登记的原因不仅因为登记过程占用时间和精力，更主要是因为关系到个人信息安全。

7.不同浏览器兼容性

"建议采用1024×768像素，IE 6.0以上浏览器浏览本网站"，对这样的字眼大家一定不会感到陌生，因为不少网站都有这样的"重要提示"，有些网站甚至采用游动字幕的形式，或在标题栏（TITLE）嵌入以引起访问者的高度注意。

听起来好像是为了用户的最佳显示效果着想，但是，试想一下，如果我们采用的是不符合某网站要求的最佳显示模式的配置，当我们进入这样的网站之后，会为了浏览这个网站而重新设置显示模式，或者重新安装一个满足要求的浏览器吗?

很显然，这些网站的设计者不是从用户的需求出发，而是为了自己的方便考虑，与互联网时代"用户掌管方向"的精神相背离。所以我们不禁要问：是用户的浏览器适应网站设计，还是网站设计适应用户的浏览器？一个以自我为中心的网站能够成为优秀网站吗？

8. 符合网络伦理

所谓网络伦理，是互联网上一种特有的商业道德，即尊重用户的个人信息，不向用户发送商业信息，只有经过用户的许可才可以通过电子邮件等手段向用户发送相关信息，也就是所谓的"许可网络营销"。道理很简单，谁也不愿意每天接收大量与自己无关的各类商业广告，因为垃圾邮件不仅占用电子邮箱空间，而且需要为接收邮件而产生额外的上网费用和时间。

符合网络伦理的网站营销活动只是最基本的商业道德而已，理应为所有企业所遵从，然而，实际上，大量发送广告邮件的网站不在少数，有些甚至是有一定知名度的网站。可以断定，一个优秀的网站绝不会向用户发送未经许可的商业邮件。

以上讨论的仅是一些通用性的基本因素，除此之外，对于不同类型的网站，还应该有其特定的评价标准。例如，购物网站的按时交货和退货政策、新闻网站的及时性和新闻来源的可靠性、搜索引擎网站搜索结果的数量和匹配性、免费邮件网站的功能和空间容量等，都需要根据不同情况加以综合分析和评价。

其实网站优化的开始阶段是筹建网站的时候，到网站的运营阶段也离不开网站优化。

二、网站优化的方法和技巧

网站优化包括三个方面的内容：对用户体验优化(UE)、对网站结构优化、针对搜索引擎友好性优化。

可见，网站优化思想认为网站优化与搜索引擎优化的关系是：网站优化设计并非只是搜索引擎优化，搜索引擎优化只是网站优化中的一部分。之所以很容易将网站优化等同于搜索引擎优化，主要原因在于网站设计因素对搜索引擎优化状况的影响非常明显和直接，因此更容易引起重视。同时应注意的是，网站设计优化不仅仅是为了搜索引擎优化，其核心仍然是对用户的优化，因此应坚持用户导向而不是搜索引擎导向，这也是网站优化与搜索引擎优化基本思想的重要区别之处。

网站优化基本思想之所以强调坚持以用户为导向的原则，是因为网站的内容和服务是否有价值最终是由用户来判断的，即使网站在搜索引擎中的表现很好，如果用户使用起来感觉很不方便，同样不会产生理想的效果。而且，网站推广也并非完全依赖搜索引擎，还需要综合考虑各种相关因素。因此，网站优化设计中三个层面的内容不能顾此失彼，应实现全面优化，尤其是对用户的优化应放在首位。

　　网站优化诊断分析方案首先都是出于对用户获取信息和服务的考虑，包括从内部获取信息和外部(搜索引擎)的便利性等方面。实际上，用户优化第一的原则与搜索引擎优化本质上是一致的，搜索引擎收录网页的排名规则也是从用户获取信息的习惯方面考虑，如果用户获取信息方便了，对于搜索引擎而言，也会将这样的网页视为高质量的网页，从而获得在搜索引擎中好的排名结果。这里将重点介绍基于搜索引擎的优化法。

　　搜索引擎优化(Search Engine Optimization，SEO)是针对搜索引擎对网页的检索特点，让网站建设各项基本要素适合搜索引擎的检索原则，从而使搜索引擎收录尽可能多的网页，并在搜索引擎自然检索结果中排名靠前，最终达到网站推广的目的。

　　搜索引擎优化的主要工作是通过了解各类搜索引擎如何抓取互联网页面、如何进行索引以及如何确定其对某一特定关键词的搜索结果排名等技术，来对网页内容进行相关的优化，使其符合用户浏览习惯，在不损害用户体验的情况下提高搜索引擎排名，从而提高网站访问量，最终提升网站的销售能力或宣传能力。所谓针对搜索引擎优化处理，是为了要让网站更容易被搜索引擎接受。搜索引擎会将网站彼此间的内容做一些相关性的资料比对，然后再由浏览器将这些内容以最快速度且接近最完整的方式，呈现给搜索者。由于不少研究发现搜索引擎的用户往往只会留意搜索结果最开首的几项条目，所以不少商业网站都希望通过各种形式来干扰搜索引擎的排序。

　　SEO又分为站外SEO和站内SEO，我们将分别讲解。

　　1.站外SEO

　　站外SEO，也可以说是脱离站点的搜索引擎技术，命名源自外部站点对网站在搜索引擎排名的影响，这些外部的因素是超出网站的控制的。最有用的功能最强大的外部站点因素就是反向链接，即我们所说的外部链接。毫无疑问，外部链接对于一个站点收录进搜索引擎结果页面起到了重要作用。产生高质量的反向链接的方法如下。

　　(1)高质量的内容。

　　产生高质量的外部链接最好的方法就是写高质量的内容，使读者对网站内容产生阅读的欲望。你可以和别的网站交换链接，也可以注册自动生成链接的程序，还可以去其他的站上买链接。

　　(2)给内容相关的网站发邮件。

　　并不提倡给其他的网站群发邮件来交换链接，建议就某个话题写一篇有质量的文章，并且觉得会使其他的网站感兴趣，那给这些网站发一封短小礼貌的邮件让他们知道你的文章，将是有价值的。即使他们没有链接，也不要感到尴尬。你会发现如果他们点击了就为链接产生了直接的流量，从而使你的网站在搜索引擎里得到较好的分数。

　　(3)分类目录。

　　另一个产生反向链接的方法是把你的网址提交到分类目录。很多站长都对这个方法的效果深信不疑，当开始一个新站点的时候，他们做的第一步就是围绕分类目录做工作，选择合适的关键词提交到相关页面进行链接。有很多分类目录，大部分是免费的。

2.站内SEO

(1)丰富网站关键词。

为站点内的文章增加新的关键词将有利于搜索引擎的"蜘蛛"爬行文章索引，从而增加网站的质量。但不要堆砌太多的关键词，应该考虑人们想在搜索引擎中找到这篇文章，会搜索什么样的关键词。这些关键词需要在文章中被频繁地提及，可以遵循下面的方法：关键词应该出现在网页标题标签里面；URL里面应该有关键词，即目录名、文件名可以放上一些关键词；在网页导出链接的链接文字中包含关键词；用粗体显示关键词(至少试着做一次)；在标签中提及该关键词；图像ALT标签可以放入关键词；整个文章中都要包含关键词，但最好在第一段第一句话就放入；在原标签(meta标签)放入关键词，建议关键词密度最好在5%～20%。

(2)统一主题。

如果网站收录的都是关于同一主题的内容，那么它可能将获得较好的排名。例如，一个主题的网站将比那些涵盖了多个主题的网站的排名要高。建立一个200多页的网站，内容都是同一个主题，这个网站的排名就会不断地提升，因为在这个主题里该网站被认为具有权威性。

(3)简洁设计。

搜索引擎更喜欢友好的网页结构、无误的代码和明确导航的站点。确保企业站点页面都是有效的和在主流浏览器中是可视的。搜索引擎不喜欢太多的Flash、i frames和Javascript脚本，所以保持站点的干净整洁，也有利于搜索引擎的"蜘蛛"更快、更精确地"爬"到网站进行索引。

(4)直接的内外部链接。

搜索引擎的工作方式是通过"蜘蛛"程序抓取网页信息，追踪文章内容和通过网页的链接地址来寻找网页，抽取超链接地址。许多SEO专家都建议网站提供网站地图，在网站上的每个页面之间最好都有1～2个深入链接。网站要做的第一步是确保导航中包含目录页面，也要确保每个子页面都有链接回到主页面和其他的重要页面。

导出链接会提高网站在搜索引擎中的排名，在文章中链接到其他相关站点对读者们是有用的。太多的导出链接将降低你的网站排名，应该遵循"适度是关键"的原则。

(5)有规律的更新。

网站更新的次数越频繁，搜索引擎"蜘蛛爬行"也就越频繁。这意味着网站新文章几天甚至几小时内就可以出现在索引中，而不需要等几个星期。这是网站最好的受益方式。

(6)选择内容长度适宜。

太短的文章不能获得较高的排名，一般控制每篇文章至少有300个字。另一方面，也不要让文章显得太长，因为这将不利于保持关键词的密度，文章看上去也缺少紧凑。研究显示，过长的文章会急剧减少读者的数量，他们在看第一眼的时候就选择了关闭文章。

(7)避免内容重复。

搜索引擎在使用指南中严重警告过关于多个网页内容相同的问题。不管这些网页是你拥有的还是别人拥有的，不断复制网页内容相当于窃取别人的网站内容，会被归入垃圾网站，对于网站形象是有弊无益的。

(8)控制目录数量。

一般而言，目录越多，搜索引擎搜索得也就越全面。但当网站目录过多的时候，网站将会陷入麻烦，因为如果网站有太多的页面，如何组织它们以方便搜索引擎爬行将会是一个非常复杂的问题。通常情况下，大站点的等级比小站点高，当然一些小站点也有高的等级，这并不是标准。

任务六　网站建设市场分析

近几年来，网站建设业务一直呈快速上升势头，行业市场越来越大。就国内情况而言，沿海发达省市比中西部省市市场需求要大，业务普及工作也很到位，许多行业形成了竞相建设企业网站，开展网络营销的局面。

新技术的应用将促使企业网站建设更具魅力。随着技术融合与发展，许多在其他行业热门应用的技术如视频、三维动画、虚拟现实等技术都已经实现向互联网上移植；新的网络编程语言(. net技术)和服务器CDN(内容发布网络)技术也将使网站结构更紧密，访问更流畅，更能适应新的要求。

网络营销服务将同网站建设融为一体，提供一体化服务。企业客户现在已不再满足于做一个网站，然后自己开展网络营销活动，网络公司还要为企业客户制定具有针对性的网络营销策略，让企业网站真正发挥作用，为客户带来实在的效果。这对网络公司提出了更高的要求，网站建设从业者必须要加强自我学习和提高，才能适应这一要求。

个性化的个人网站、面向个人的主题网站等多种形式的个人网站建设服务现在已经初露端倪，个人网站建设服务将成为新的业务增长点。

一、网站建设市场分析

1.网站建设服务商调查

目前国内从事网站建设业务的企业有很多,几乎每个网络公司都在开展网站建设业务,只是业务所占比重各有不同。

(1)行业门户网站。

许多行业门户网站在其VIP会员服务项目当中包含了为VIP企业会员提供网站建设的服务,像中国化工网、中国纺织网等公司,吸引了大批行业类的企业注册成为它们的VIP会员,获得包括网站建设和维护在内的多种服务项目。行业门户网站的企业建站服务占到所有企业网站建设服务市场的20%。

(2)网络综合应用服务公司。

指提供包括网络基础应用服务(如域名、主机、邮箱)和网络增值应用服务(如网站建设和推广)等业务在内的综合应用服务公司,企业网站建设是重要业务之一,业务总量占到所有企业网站建设市场的40%。像上海火速(http://www.hotsales.net/)等公司,通过网络综合应用服务业务的宣传与拓展,在业界具有良好的形象和口碑,提供的网站建设服务也普遍为客户所接受。

(3)专业网站建设服务公司。

以网站建设业务为公司主要业务,突出个性化制作和客户长期跟踪服务,业务总量占到所有企业网站建设市场的40%。

2.当前网站建设市场的特点分析

(1)第三代网站建设的技术应用特点。

作为第三代网站建设技术,智能建站系统将成为中小企业网站开发建设的生力军。目前市场上的智能建站系统层出不穷,多数网站建设服务商均在提供智能建站服务,但水平参差不齐,缺乏服务标准,有的智能建站系统技术落后,不能代表第三代网站建设技术。

从业务开展流程和企业网站自助管理等角度出发,真正的智能建站系统应当具有以下特点。

首先,完善的网站应用服务平台。

对客户:享受专业化的网站服务平台,解决网站管理维护困难的问题;无须拼凑,提供全面的解决方案;可分拆取舍,实现已有网站资源的再利用;创造了企业经营管理与Inter net完美结合的平台;享受免费升级服务支持,降低网站建设整体费用。

对代理商:为代理商提供了可持续利润空间的全新模式,以代理商的名义提供服务，有效保护代理商的利益；有效缓解了目前网站建设市场混乱、价格低、缺乏竞争力的尴尬局面，极大缩短了网站建设和开发周期；降低了人力资源投入成本，解决了中小企业资金短缺、技术力量薄弱的问题。

其次，全面的内容管理。

通过智能建站系统，开发制作客户网站只需要轻松开通或者关闭客户的网站功能插件即可。所有在网站上体现的相关服务的功能、内容均自动产生，同时客户立即就可以享受到功能强大的网站服务系统。大大改善了传统制作过程中需要技术人员进行大量的重复工作的局面。

(2)网站建设市场走向标准化、规范化操作。

网站建设市场一直以来缺乏行业标准和规范，网络公司各自为政，按照自己的流程开展业务。无论是在网站建设规划、网站建设报价方面，还是在业务合同拟定、网站产品验收、售后服务方面，均没有一个统一的行业标准。网络企业在开展企业网站的建设业务的过程中，无章可循，大量的不规范操作，给整个行业市场造成一定影响和冲击。

针对此局面，国家信息化办公室等机构单位正在展开对网站建设市场进行行业指导规范的拟定工作。此外，部分网站建设服务商也在着手开展民间商业联盟，以规范市场，互利互惠。

(3)网站建设市场向多样化发展。

网站建设市场已经不仅仅局限于企业网站建设。有数据表明，在网站建设市场中，企业网站建设占56%的比例，电子商务网站建设占20%的比例，电子政务网站建设占10%的比例，个人网站建设占8%的比例，综合门户网站建设占5%的比例，其他类型占1%的比例。

(4)网站改版及二次开发成新的增长点。

初次建设网站的企业对网站的作用大多认识不深，但是又认识到上网的重要性，所以一半以上的企业对网站功能要求不高，比较关注的因素主要集中在价格、首页的美观性等；近40%的企业对网站需求不明确，但他们期望建立网站可以增加销售；而关心网站的推广方法的企业占25%，有22%的企业表示对网站的作用有疑虑。

调查结果发现，近40%的企业对自己的企业网站表示不满意，需要通过改版、升级等活动来加强企业网站的功能和作用。原因是大部分企业的网站功能太简单、设计不美观或者没有反映出企业形象，种种的"后遗症"促使网站的建设需要第二次资金投入。这类企业对网站作用的认识较为深刻，更加注重网站的功能而不是价格和首页的美观性，但是对网站功能需求不很明确的企业仍有31%，对网站的作用心存疑虑的企业仍有10%。数据表明，网站改版及二次开发将成为网站建设市场新的增长点，但客户迫切需要专业的指导，以分析得出确切的需求，并体现在网站改版及二次开发升级中。

3.网站建设业务分析

(1)网站建设客户分析。

通过对网站建设客户的分析发现，客户主要集中在日用化工、医药保健、电子科技、机械工业、饮食餐饮、投资贸易、纺织、房地产、烟草、汽车等行业。

(2)售前服务及问题总结。

大部分网站建设客户非常看重设计售前支持，然而这同网建部的设计师工作繁忙形成矛盾，如何妥善解决设计售前支持同正常业务工作之间的冲突关系成为受关注的内容。此外，加快售前支持的响应速度，也是销售员普遍的要求。

对于售前方案，应当加强方案的个性化和针对性撰写，增加方案的吸引力，避免流于形式。好的网站策划方案是成功的一半。

售前支持的尺度问题，一直是网建部和销售部之间讨论的问题之一，多数销售员希望售前支持直接面对客户，以协助销售攻单，应当制定完善的售前支持人员协同攻单的项目标准和激励办法。

二、网站建设业务发展规划及对策

对于网站建设业务发展规划，现总结有如下思路。

1. 以质为本，不盲目追求量，从质上扩大，提升品牌含金量

网站建设是一项精细活，做得好的话可以挖掘出许多新的客户需求来，同客户保持长期的业务联系。目标是从售前支持、网站策划，到网页设计、程序开发，到网站维护、营销推广，提供全方位的专业服务。咨询策划、设计开发、维护推广，这成为网建项目开发的标准流程。

网建团队切忌：做一个网站，毁一个客户。而是以质为本，追求尽善尽美，做出网建品牌来，提升品牌含金量。不盲目追求量，而是从质上面扩大规模，提升效益，深挖客户需求，把客户项目做大做全。

2. 促进中小企业网站建设业务产品化，强化智能建站系统，减少开发成本

现状表明，中小企业网站建设成为网建部的主要工作内容，各工作人员项目多，任务紧，压力大。在这种状况下，很难保证优质精力用于大客户项目的开发。最近客户投诉的增多正是反映了同时在建项目过多，管理不顺畅，项目开发进度延期，质量下降这一状况。

网站建设业务发展应当充分重视第三代网站建设技术的发展和应用，促进中小企业网站建设业务的产品化；在现有无忧建站的基础上，强化智能建站系统，使其基本满足中小企业网站建设的需要，以减少项目开发成本，集中精力做好大客户网站建设项目。

3.总结提炼专家服务模式，成熟应用，服务于大客户

对于大客户服务，调动公司各领域专家人才，组成该项目专家小组，集思广益，给出专业的咨询诊断和项目策划。这种专家服务模式在几个大客户网站项目上进行了一些尝试，总的来说还是起到了一定的作用，但还不是很明显。目前网建项目的售前咨询和客户需求在引导挖掘上，还没有形成一套成熟完善的机制，主观随意性比较大，这对于有效开展专家服务模式是不利的，应当尽快完善专家服务模式机制。

在完善专家服务模式上，应当详细分析网建大客户从需求了解到项目开发各个环节中所应用到的专家支持，用需要来定责任，以责任来定岗位，使专家服务模式看得见、摸得着；每位专家责任明确，各司其职，发挥团队力量，给大客户以最专业、最好的网建服务。

三、网站性能优化的34条黄金原则

完美的内容是用来使用的，不管你的内容多么精彩，如果它们很难访问，用户照样会离开，易用性不仅仅牵扯到技术，更多的是良好的Web创作习惯以及易用性。以下就介绍34条实用的网站建设规则，希望能对想要建站的朋友们有用。

1.只使用成熟、简单、兼容的技术

Web技术一直在发展，因为http协议最初只是为了表现简单的超文本，当人们赋予Web越来越多的使命的时候，Web的局限性就表现出来了，为了解决这些问题，人们在Web上面附加了很多新技术以增强Web的表现能力，从Cookie，Java Script，DHTML，ActiveX，Applet，CSS，一直到现在炙手可热的AJAX技术。

2.Cookie，Java Script，CSS

如果你希望你的企业网站能在绝大多数环境下被无障碍地访问，请谨慎使用除此之外的技术。

3.不使用任何网页特效

虽然网页特效并不一定涉及不兼容技术，但网页特效对绝大多数人来说是非常令人厌烦的，企业网站绝对不应该使用那些仅仅为了好玩的网页特效。

4.清晰、统一的导航系统

导航系统必须清晰，它们应该和站点的其他内容用不同的颜色搭配，以便在网页上凸显出来。

5.导航深度不超过三级

如果你能够很好地组织自己的内容，结合分页机制、Tag机制，对绝大多数网站，三级导航深度已经足够使用了。

6.导航链接中必须包含文字

在图片按钮式的导航链接上同时加上文字，让文字体现该链接的含义。

7.必须有纯文本版本的站点地图

站点地图可以帮助用户快速找到他们想要的内容，这是对导航系统的补充，甚至对有些站点来说，比导航系统更有效。另外，纯文本版的站点地图非常容易被搜索引擎抓取并以此遍览你的整个站点。

8.必须有面包屑导航条

面包屑导航条的作用是告诉访问者他们目前在网站中的位置以及如何返回。

9.每页都有自己的标题

每页都应有一个和本页内容匹配的标题，这样，即使用户打开了很多窗口，仍然可以通过标题知道那一页是说什么的。当你的页面出现在搜索引擎的搜索结果中时，你的页面标题应当明确地告诉搜索者他们搜到的页面是关于什么的。

10.每页都有一个链接指向首页

每页都有一个指向首页的链接可以帮助用户在迷失的时候，迅速返回入口重新开始。

11.网站的Logo指向首页

这一条似乎没有什么道理，但几乎所有网站都遵守这样的约定。

12.对于连贯性内容(sequential content)，应提供向导式导航

这样，用户不必滚动回到页面上方访问导航系统，可以直接点击这两个链接在文章中前进或后退，这样不仅节省用户的时间，还可以带来连贯阅读的快感。

13.全文搜索

应当提供一个本地搜索功能，你网站的本地搜索功能对用户来说，可能比Google更有帮助。

14.不使用欢迎页

应当让用户直接进来，一进来就看到实质的内容，不要用你的浪漫想法浪费用户的时间；而且，一个让搜索引擎无法解读的Flash动画会让搜索引擎认为你的网站上什么东西都没有。

15.任何图片都必须设置ALT和TITLE属性

ALT或TITLE属性会让浏览器将图片的描述性文字显示在图片的位置，让用户至少知道那个位置将要显示的是什么。这个属性也帮助搜索引擎更好地理解你的图片。

16.链接必须拥有可标志的视觉特征

你应当为全站的链接设置一致的视觉特征，已经访问过的链接要有不同的视觉特征。

17.每页都有一个打印友好版本

打印友好版本中可以将导航系统等过分浪费空间的东西隐藏起来，让真正的内容成为页面主体，同时，要使用白底黑字，不要使用背景图案。

18.页面都使用一致的配色和一致的结构

和全站使用一致的导航系统一样，所有页面使用一致的配色和结构可以帮助用户将注意力只集中在内容上面，你不应该强迫用户在新页面中重新适应新的布局。

19.你的站点应当避免让绝大多数用户左右滚动窗口

你可以让你的网页自动适应屏幕尺寸，从技术上说，这并不困难；也可以假设一个宽度，这个假设的宽度可以照顾到你的用户群。

20.站点必须在第一级导航深度处，让用户看到你的完整联系方式

你应当在第一级导航深度的页面中便提供企业的详细联系方式，要让用户看到你的地址、联系电话、同域名下的邮件地址。

21.每个页面的尺寸应当小于50k

多数人的ADSL接入速度不低于120kbps，并不意味着人们能以这样的速度访问你的网站，不同网络运营商之间还存在着网络瓶颈，你的网站的外地访问速度可能远远低于本地访问速度。

22.在所有主流浏览器中拥有一致的表现

你的网站应该符合W3C标准，这样，可以被所有主流浏览器无障碍地访问；如果你的网站只支持IE，就可能将40%的用户挡在门外。

23.在用户操作现场提供帮助，而不是进入专门的帮助系统

网站的帮助系统应当分散到各种操作现场，不需要像常规软件那样使用专门的帮助系统，随时随地为用户提供有用的帮助信息，让帮助简单化，改善用户的访问体验。

24.用户可以对某些内容进行评论或反馈

应当注重用户的参与，网站上的绝大多数内容应该允许并鼓励用户参与评论和反馈，让用户不必注册就可以参与评论；如果用户必须注册才可以参与某些内容，注册过程也应该尽可能简单。

25.页面不可过分拥挤

即使你必须放那么多内容，也要留出足够多的空白和边界，否则用户会觉得很累，Web页面的媒介是屏幕，不是纸张，你实在没有必要去节省屏幕的空间，让内容宽松地分布在页面上，给用户以闲适感。

26.用不同色彩标志未访问和已访问过的链接

Web公认的配色为，未访问过的链接使用蓝色(Blue)，访问过的链接使用紫色（Purple），但你可以根据你全站的色彩搭配设定自己的配色，只要保持全局一致即可。

27.使用所有人都可以正确显示的字体

在用户那里也可以正常显示，尽可能使用标准字体，并在不同环境下进行测试，保证你的字体不会给任何人带来麻烦。

28.除非真正必要，否则不用新窗口打开链接

只有新窗口是用来显示一些提示性的消息，或者辅助性的内容的时候，它们才是必要的。

29.不使用满屏模式显示网页，让用户自己决定窗口的大小

不要自动为用户打开全屏窗口，很多用户并不知道应该怎样从全屏幕状态转回来。

30.不要使用弹出窗口

如果你必须使用弹出窗口以便向用户显示某个意外消息，如严重错误消息或者通知等，你可以考虑使用Lightbox，Lightbox是一种具有很好的视觉效果，又兼容各种主流浏览器的技术，适合在网站上显示通知、错误消息等弹出内容。

31.用户注册的时候，只填写必要的内容

事实上，应该只填写用户名和密码就够了，完全没有必要要求用户提供更多的详细信息，因为多数人会提供假的。除非你的系统是一些类似B2B、B2C的系统，需要用户提供真实身份开展业务。

32.网页上的广告需要有明确的广告标志

要告诉用户那是广告，广告要和你的内容有一定的分隔边界，免得二者混在一起

让用户迷惑。请记住，用户在不知情或被欺骗时点击的广告是没有任何效用的，带不来任何销售，即使你的广告是来自Google AdSense那样的点击付费广告，也不要欺骗用户点击，这是一个从业者最基本的操守。

33.广告不可使用欺骗伎俩，欺骗不熟练的用户点击

明显的欺诈性广告是非常低劣的，是对用户明显的愚弄，不要挑战你的用户的智商，尤其当很多人都上过当并怒不可遏的时候。

34.剥离了JavaScript、CSS等支持文件，你的网页仍然能准确地显示

网页设计的一个基本原则是，首先不使用任何CSS装饰将内容正确显示，然后套用CSS将内容修饰。另外，JavaScript不应该用在导航等关键场合，一旦JavaScript被禁用，用户可能连导航都使用不了。

习题与思考题

浏览下述网站，并分析其各自的特点。

YAHOO官网（www.yahoo.com）

中国摄影在线（www.cphoto.net）

中国教育和科研计算机网（www.edu.cn）

项目三　制作简单网页

网页是构成网站的基本要素，任何一个网站都是由首页和若干个子页组成的。

本项目将通过制作一个小型企业网站的首页，介绍网页设计的基本流程，如网站功能设计，网页草图的制作、切片及导出，域名空间的申请以及网页的制作与上传等。

网站名称：

河南方通化工有限公司网站

项目描述：

制作一个简单的企业网站页面，熟悉Photoshop和Dreamweaver软件以及网站的基本建设流程。

项目分析：

※ 河南方通化工有限公司是一家中小型化工企业，其主要业务是生产化工原料、进行化工产品代加工和提供食品添加剂等。其网站主要用于展示公司产品和宣传公司形象，因此在结构上比较简单，只需包含公司介绍、产品展示、新闻动态、招聘信息等栏目即可。

※ 由于是第一次尝试网页制作，本项目创建的网页非常简单，仅涉及文本、图片等的插入和编辑操作，主要练习的是在Photoshop中制作页面草图，然后切片、导出成为一个页面文件，最后在Dreamweaver中建立一个站点并浏览该页面。

项目实施过程：

对网站进行规划设计，然后使用Photoshop CS3制作出首页草图，并对草图进行切片、导出，最后在Dreamweaver CS4中建立站点，并将制作的简单网页进行上传。

项目最终效果：

项目的最终效果如图3-1所示。

图3-1　河南方通化工有限公司网站首页

任务一　进行网站功能设计

企业网站的主要功能是向目标消费群体传递与企业产品、服务相关的信息，因此在页面设计上无须太过花哨和标新立异，而应注重其实用性，遵循快速、简洁、吸引人、信息概括能力强、易于导航的原则。

河南方通化工有限公司是一家中小型化工企业，其网站主要用于展示产品、宣传品牌形象和发布一些新闻公告(如会议信息、培训信息、招聘信息等)。因此，在首页上应设置"公司介绍""产品展示""新闻动态"和"招聘信息"等子栏目。

化工类企业网站，在整体色调上应以简洁大方为原则，不宜选择过于有冲击力的颜色，如红色、绿色、紫色等，而应选择有行业代表性的色彩作为页面的主色调。

经过与企业沟通，确定以蓝色为网站的主色调。同时，通过对方通化工公司的主要经营范围和主要客户群体进行调研，完成了网站的构思创意即总体设计方案，并对网站的整体风格和特色做出了定位。最终确定的网站组织结构如图3-2所示。

图3-2　河南方通化工有限公司网站的结构图

任务二　设计网站首页草图

网站的首页也叫主页，能直接反映出一个网站的风格与个性。在制作过程中，要考虑到网站整体的布局及网页的容量。

对首次接触网页设计的读者来说，可以据构思先用Photoshop CS3制作出方通化工网站首页的草图，然后通过切片、导入到Dreamweaver CS4中，再加以修饰得到简单的页面。

下面就以制作河南方通化工有限公司的首页为例，介绍网页草图的设计。

一、　认识Photoshop

Photoshop是Adobe公司旗下最为出名的一款图像处理软件，集图像扫描、编辑修改、图像制作、广告创意、图像输入与输出等功能于一体，深受广大平面设计人员和电脑美术爱好者的喜爱，也是制作网页时必不可少的网页图像处理软件之一。

打开"开始"菜单，选择"程序"→Adobe Photoshop CS3命令，启动Photoshop CS3软件，即可看到其主界面，如图3-3所示。上面为菜单栏，左边为工具栏，右边是功能面板。

　　下面来重点讲解一下工具栏。工具栏位于Photoshop主界面的左侧，包括选取工具、移动工具、套索工具、快速选择工具、裁剪工具、画笔工具和文字工具等。凡是右下角带有三角形标记的，表示存在子工具。单击三角形标记，即可打开子工具列表，如图3-4所示。

图3-3　Photoshop CS3运行界面　　　　　　图3-4　工具栏

　　1. 选取工具集

　　选取工具集包括矩形选框工具、椭圆选框工具、单行选框工具和单列选框工具。

　　※ 矩形选框工具：选取该工具后，在图像上拖动，可以确定一个矩形的选取区域。如果在拖动的同时按下Shift键，则可将选区设定为正方形。在选项面板中，也可以将选区设定为固定的大小，此时再在图像上进行拖动，则只能确定一个固定大小的选区区域。

　　※ 椭圆形选框工具：选取该工具后，在图像上拖动，可以确定一个椭圆形选取区域，如果在拖动的同时按下Shift键，可将选区设定为圆形。

　　※ 单行选框工具：选取该工具后，在图像上拖动，可确定单行(一个像素高)的选取区域。

　　※ 单列选框工具：选取该工具后，在图像上拖动，可确定单列(一个像素宽)的选取区域。

　　2. 移动工具

　　移动工具用于移动选取区域内的图像。

　　3. 套索工具集

　　套索工具集包括套索工具、多边形套索工具和磁性套索工具。

※ 套索工具：用于通过鼠标等设备在图像上绘制任意形状的选取区域。

※ 多边形套索工具：用于在图像上绘制任意形状的多边形选取区域。

※ 磁性套索工具：用于在图像上具有一定颜色属性的物体的轮廓线上设置路径。

4．快速选择工具

快速选择工具用于将图像上具有相近属性的像素点设为选取区域。

5.裁剪工具

裁剪工具用于从图像上裁剪需要的图像部分。

6．切片工具集

切片工具集包含一个切片工具和一个切片选取工具。

※ 切片工具：选定该工具后在图像工作区拖动，可画出一个矩形的切片区域。

※ 切片选取工具：选定该工具后在切片上单击可选中该切片，如果在单击的同时按下Shift键，可同时选取多个切片。

7.污点修复画笔工具集

污点修复画笔工具集包含污点修复画笔工具、修复画笔工具、修补工具和红眼工具。

8.画笔工具集

画笔工具集包含画笔工具和铅笔工具，可用于在图像上作画。

9. 图章工具集

图章工具包含仿制图章工具和图案图章工具，用于复制设定的图像。

10.历史画笔工具集

历史画笔工具集包含历史记录画笔工具和艺术历史画笔工具。

※ 历史记录画笔工具：用于恢复图像中被修改的部分。

※ 艺术历史画笔工具：用于使图像中划过的部分产生模糊的艺术效果。

11.橡皮擦工具集

橡皮擦工具集包括橡皮擦工具、背景橡皮擦工具和魔术橡皮擦工具。

※ 橡皮擦工具：用于擦除图像中不需要的部分，并在擦过的地方显示背景图层的内容。

※ 背景橡皮擦工具：用于擦除图像中不需要的部分，并使擦过区域变成透明。

12.颜料桶工具与渐变工具

※ 颜料桶工具：用于在图像的确定区域内填充前景色。

※ 渐变工具：在工具箱中选中"渐变工具"后，在选项面板中可再进一步选择具体的渐变类型。

13.色调处理工具集

色调处理工具集包括模糊工具、锐化工具和涂抹工具。

※ 模糊工具：选用该工具后，光标在图像上划动时，可使划过的图像变得模糊。

※ 锐化工具：选用该工具后，光标在图像上划动时，可使划过的图像变得更清晰。

※ 涂抹工具：其效果与在一幅未干的油画上用手指涂抹相似。

14.文字工具

文字工具用于在图像上添加文字图层或放置文字。

15.多边形工具集

多边形工具集包括矩形、圆角、椭圆、多边形、直线、星状多边形等图形具。

※ 矩形图形工具：选定该工具后，在图像工作区内拖动可产生一个矩形。

※ 圆角矩形工具：选定该工具后，在图像工作区内拖动可产生一个圆角矩形。

※ 椭圆工具：选定该工具后，在图像工作区内拖动可产生一个椭圆形。

※ 多边形图形工具：选定该工具后，在图像工作区内拖动可产生一个5条边等长的多边形。

※ 直线工具：选定该工具后，在图像工作区内拖动可产生一条直线。

※ 星状多边形图形工具：选定该工具后，在图形工作区内拖动可产生一个星状多边形。

16.缩放工具

缩放工具用于缩放图像处理窗口中的图像，以便进行观察处理。

二、制作网页按钮

下面来学习制作河南方通化工有限公司网站首页中最简单的部分——按钮。如图3-5所示，制作一个有浅蓝色渐变图案的按钮。

图3-5　制作的网页按钮

其制作步骤如下。

（1）启动Photoshop CS3，选择"文件"→"新建"命令，打开"新建"对话框。该对话框中有"名称""预设"和"高级"3个选项。"名称"选项指的是新建图像的文件名，默认情况下是"未标题-1"；"预设"选项栏用于设置图像的大小，默认情况下是剪贴板中复制的图像大小。

这里，在"宽度"文本框中输入"40"，"高度"文本框中输入"25"，单位选择"像素"，"颜色模式"选择"RGB颜色"，"背景内容"选择"透明"，如图3-6所示。单击"确定"按钮后，主窗口会出现一个白色的图像区，在图像区内即可进行绘图、编辑等操作。

（2）用矩形选框工具绘制一个长条矩形，并将其填充为蓝色。填充方法有两种：先将前景色设置为蓝色#395E93，按Alt+Delete组合键进行填充；也可以选择"编辑"→"填充"命令进行前景色填充。

（3）新建图层，利用多边形套索工具，绘制高光区域，选择渐变工具，打开渐变编辑器，设置白色透明度从60%到0%的渐变，并填充选区，如图3-7所示。

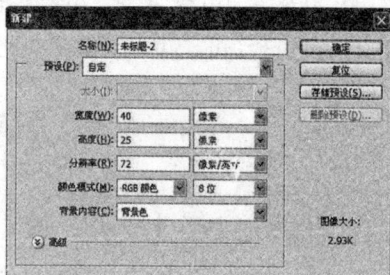

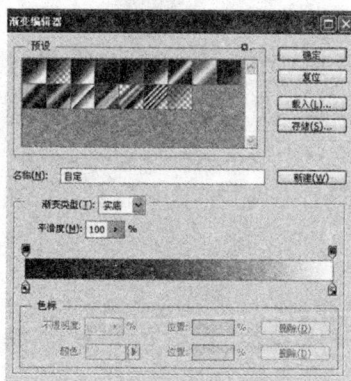

图3-6　"新建"对话框　　　　　　　　图3-7　图层样式设置

（4）新建图层，选择"自定义形状工具"。在形状下拉框中选择"电话机"图标并将前景色设置为白色，如图3-8所示。在合适的位置上绘制，完成最终效果。

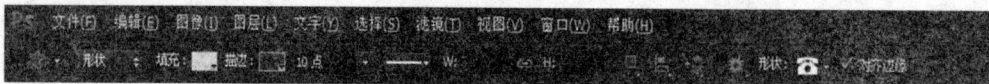

图3-8　自定义形状设置

（5）选择"文件"→"保存"命令，将文件保存为PSD格式，以便于以后进行修改。同时，选择"文件"→"另存为"命令，将文件另存为PNG格式，以便在网页中使用时保留透明区域。

三、制作首页草图

制作首页草图的步骤如下。

（1）打开Photoshop CS3，选择"文件"→"新建"命令。在打开的"新建"对话框中设置图像名称为"方通化工"、宽度为780、高度为660。对于网页来说，一般只用于屏幕显示，所以分辨率设置为72，颜色模式设置为"RGB颜色"即可。其他参数保持默认设置。

（2）下面来制作首页的Banner。在页面上方利用矩形选框工具绘制一个高度为150的矩形，并利用渐变工具制作出如图3-9所示的渐变效果。

图3-9 绘制矩形并制作渐变效果

（3）输入公司名称。利用文字工具，在矩形上输入"河南方通化工有限公司"，颜色设置为蓝色系的#173F70，以保持网站色彩风格的一致。然后，调整文字的位置，使其位于矩形的左下侧。

（4）制作公司标志(Logo)。使用椭圆选框工具绘制一个椭圆，填充为蓝色系的#019AFE，再在其内部绘制一个正圆，并填充为白色。然后在白色圆形内输入字母FT，并进行简单的格式修改。

5. 添加公司标志性建筑。在素材文件中找到合适的照片，将其打开，然后利用移动工具将其移动到当前文档中。为了使图像与Banner更加融合，可在照片所在图层上添加图层蒙版，并利用渐变工具在图像上拖动，使其边缘模糊。Banner的最终效果如图3-10所示。

图3-10 Banner的最终效果

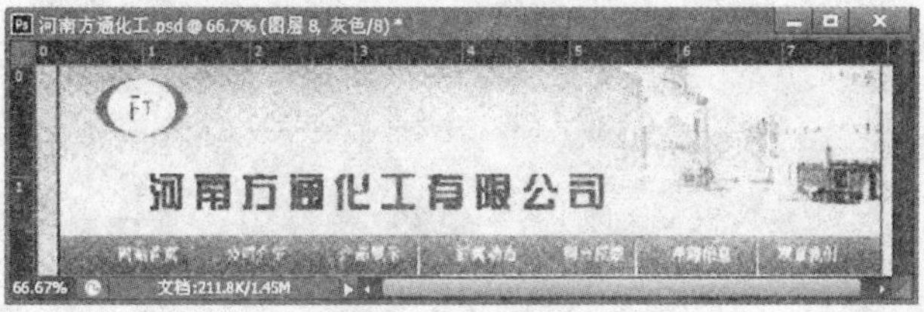

图3-11 导航栏制作

（6）制作导航栏。在Banner的下方，绘制一个高度为35像素的区域，并填充为蓝色。在上面分别输入"网站首页""公司介绍""产品展示""新闻动态""留言反馈""招聘信息"和"联系我们"文字,并利用渐变工具制作出各导航文字之间的分隔线。导航栏的最终效果如图3-11所示。

(7)页面其余部分的制作方法与上述类似,读者可以自行尝试制作。页面的最终效果如图3-12所示。

图3-12 网站首页草图

四、首页草图的切片与导出

图3-13 切图

切图是网页设计中非常重要的一环,它可以很方便地标明哪些是图片区域,哪些是文本区域。另外,合理的切图还有利于加快网页的下载速度、设计造型复杂的网页以及对不同特点的图片进行分格式压缩等。切片与导出的步骤如下。

(1)使用工具箱中的切片工具对图像进行切割。在切图的过程中要注意:大面积的色块单独切成一块；尽可能在水平方向上保持整齐；内容独立的部分要单独切开；作为背景的图像只需要切其中一部分即可。切片的最终效果如图3-13所示。

（2）选择"文件"→"存储为Web和设备所用格式"命令，打开"存储为Web和设备所用格式"对话框。在其右侧的下拉列表框中选择GIF格式，其他参数设置如图3-14所示。然后，单击"存储"按钮进行切片保存。

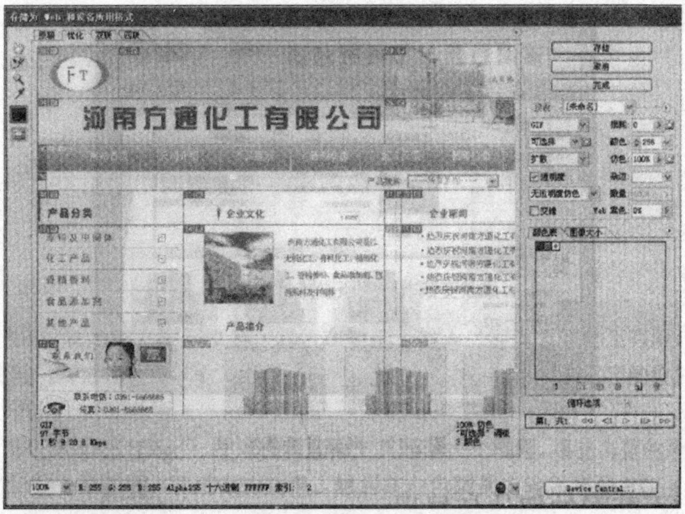

图3-14 "存储为Web和设备所用格式"对话框

保存后，会生成一个扩展名为.html的网页文件和一个名为images的文件夹，该文件如图3-15所示。此文件夹中存放的即是所有的切片文件。

图3-15 生成的文件及images文件夹中的文件

任务三 网页的制作与上传

一、认识Dreamweaver CS4

Dreamweaver CS4是在增强了面向专业人士的基本工具和可视技术外，提供了功能强大、开放式且基于标准的开发模式，可以轻而易举地制作出跨平台和浏览器的动感效果网页。

1.Dreamweaver CS4简介

Dreamweaver CS4主要用于对网站、网页和Web应用程序进行设计、编码和开发，因此，广泛应用于网页制作和网站管理中。

(1)网页制作。

Dreamweaver CS4除了可以制作HTML静态网页外，还可以使用ASP、PHP或JSP技术创建基于数据库的交互式动态网页。此外，Dreamweaver CS4对CSS样式表提供了更强劲的支持，并扩展了对XML和XSLT技术的支持，以帮助设计人员创建功能复杂的专业级Web页面。

(2)站点管理。

Dreamweaver CS4既是一个网页制作软件，也是一个站点创建与管理工具，使用它不仅可以制作单独的网页文档，还可以创建并管理完整的基于Dreamweaver软件开发平台的Web站点。它提供了合理组织和管理所有与站点相关文档的方法，通过Dreamweaver CS4提供的工具，可以将站点上传到Web服务器，并且可以自动跟踪和维护网页链接，管理和共享网页文件。如果用户设计的是动态网站，Dreamweaver CS4还可以对各种动态网站程序进行调试和修改。

Dreamweaver CS4具有以下特点。

※ 可灵活编写网页。设计人员利用浮动面板，可以通过单击的方式插入图像、表格、表单、Applet、脚本语言等对象，同时也可以对代码进行编辑。

※ 可视化的编辑界面。在设计网页的过程中，Dreamweaver CS4集成了强大的可视化编辑界面，是一种所见即所得的网页编辑器。

※ 强大的Web站点管理功能。用户可以迅速完成个人页面及站点的管理，站点管理还适合大型网站的合作开发。同时还可以利用远程服务器设置完成对远程站点的维护和更新。

※ 具有集成性。由于几个主要的网站制作工具都是Adobe公司推出的，因此可以在几个创作工具之间进行切换。

※ 丰富的媒体支持能力。可以在网页中方便地加入Java、Flash等其他媒体。

※ 超强的扩展能力。Dreamweaver CS4支持第三方插件，因此用户可以根据自己的需要扩展其功能。

2.Dreamweaver CS4的工作界面

单击"开始"菜单，选择"程序"→Adobe Dreamweaver CS4命令，即可启动Dreamweaver CS4软件。

首次启动Dreamweaver CS4时，会弹出"默认编辑器"对话框，用户可根据自己的需要和喜好设置默认的编辑器。然后，单击"确定"按钮，将打开Dreamweaver CS4的欢迎界面，如图3-16所示。

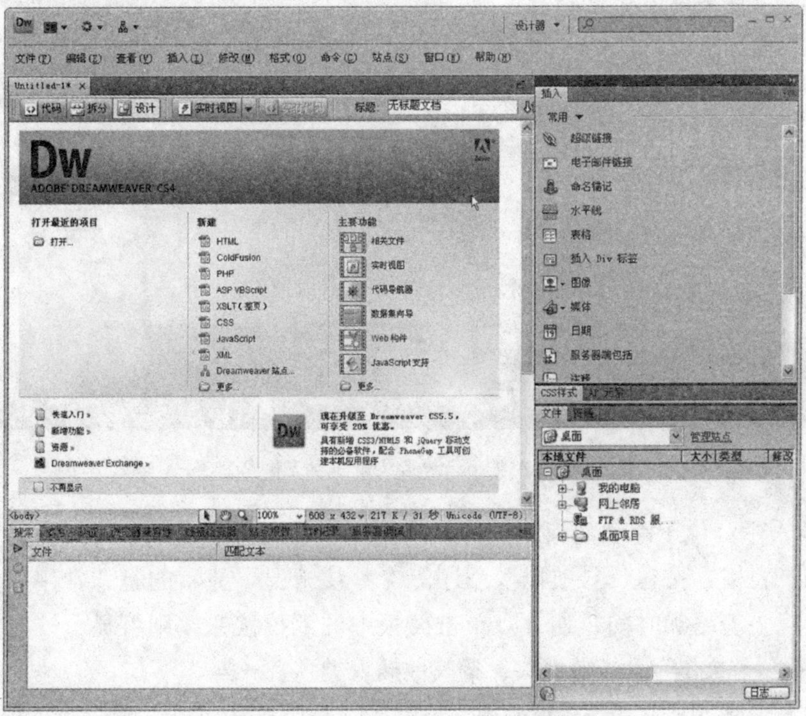

图3-16　Dreamweaver CS4运行窗口

Dreamweaver CS4的工作界面包括"菜单栏""文档工具栏""面板组""插入栏""属性检查器""状态栏"和"文档编辑区"等，如图3-17所示。

※ 菜单栏：提供了各种操作的标准菜单命令，由"文件""编辑""查看""插入""修改""格式""命令""站点""窗口"和"帮助"10个菜单命令组成。

※ 文档工具栏：位于菜单栏下方，主要用于切换编辑区视图模式、设置网页标题、进行标签验证以及在浏览器中浏览网页等。

※ 面板组：为使设计界面更加简洁，同时也为了获得更大的操作空间，Dreamweaver CS4中将类型相同或功能相近的面板分别组织到不同的面板下，再将这些面板组织在一起，构成面板组。面板组中的面板都是折叠的，单击标题左角处的展开

箭头可以折叠或展开面板，并且可以和其他面板组停靠在一起。面板组还可以停靠到集成的应用程序窗口中。

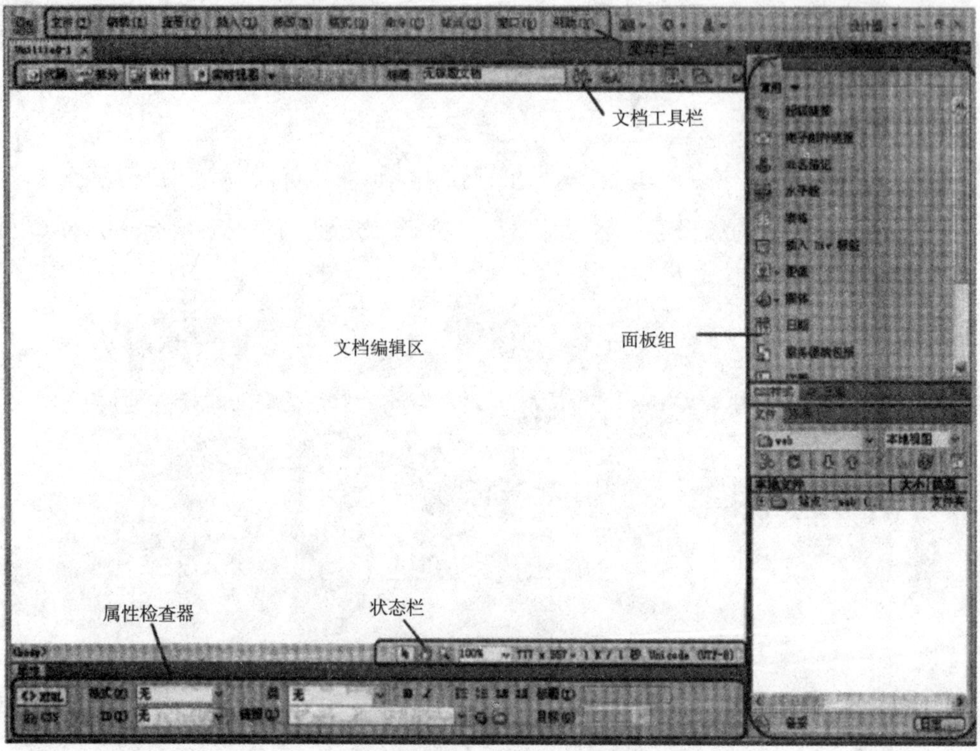

图3-17　Dreamweaver CS4的工作界面

※ 插入栏：位于浮动面板组顶部，主要用于在网页中插入各种网页元素，如文字、图像、表格、按钮、导航以及程序等。默认情况下显示的是"常用"类别，如插入超链接、表格和时间日期等。单击面板中的下拉按钮，则可显示"布局""表单""数据""文本"和"收藏夹"等其他插入类别。

※ 文档编辑区：文档编辑区也就是设计区，是Dreamweaver CS4进行可视化编辑网页的主要区域，可以显示当前文档的所有操作效果，如插入文本、图像、动画等。

※ 状态栏：状态栏位于文档窗口的底部，其作用是显示当前正在编辑文档的相关信息，如当前窗口大小、文档大小和估计下载时间等。

※ 属性检查器：通常用于设置和查看所选对象的各种属性，位于窗口底部。单击"属性"标题栏可展开或折叠"属性"面板。该面板中显示的属性通常对应标签的属性，更改属性通常与在代码视图中更改相应的属性具有相同的效果。

二、建立站点

在Dreamweaver CS4的工作环境中，选择"站点"→"新建站点"命令，如图3-18所示。

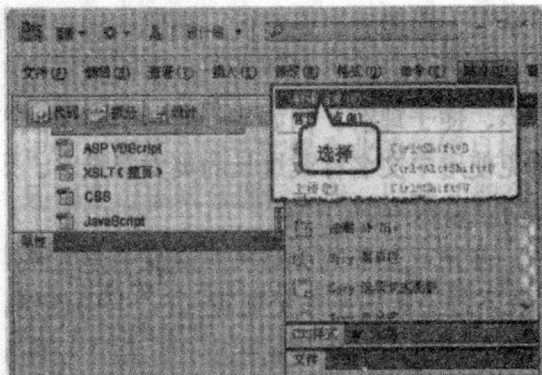

图3-18　新建站点

　　此时，将弹出"站点定义为"对话框。选择"高级"选项卡，可以看到，页面左侧为创建的站点的一些分类信息，如本地信息、远程信息和测试服务器等。选择"本地信息"选项，然后在右侧设置"站点名称"为"方通化工""本地根文件夹"为F：\web\、"默认图像文件夹"为F：\web\images\，如图3-19所示。

图3-19　设置本地站点信息

　　单击"确定"按钮，即可完成本地站点的设置。这时，在Dreamweaver CS4的"文件"面板中，将显示创建的名为"方通化工"的站点，如图3-20所示。

　　在右侧的"文件"面板中双击main. html即可进入方通化工有限公司网站首页的编辑环境。具体的网页编辑方法将在后面的项目中逐渐介绍。

　　创建站点时，需要注意以下几点。

　　※ 在创建站点文档时，应将网站中的相同文件归类放入同一个文件夹中，以便于文件的查找和使用。例如，图像文件常常放置在images目录中，脚本代码文件常常放置在scripts目录中。

※ 不同栏目或者子站点，也应分目录存放，使站点的目录有序，便于整理和修改。

※ 目录的层次不宜过深。

※ 目录的命名应得当、便于理解。例如，一般常用英文或汉语拼音来命名，并且在命名过程中应避免使用中文名称或过长的英文目录名。对于英文缩写或汉语拼音缩写应慎用，以防止造成误解。

※ 创建本地站点时，首先应在本地计算机的磁盘中建立相应的物理目录(即指定文件夹)。例如，在本地计算机的本地磁盘(F：)中创建Web文件夹，将保存的main.html文件及images文件夹复制进去。建立好目录后，即可用该目录作为Dreamweaver站点的本地根文件夹。

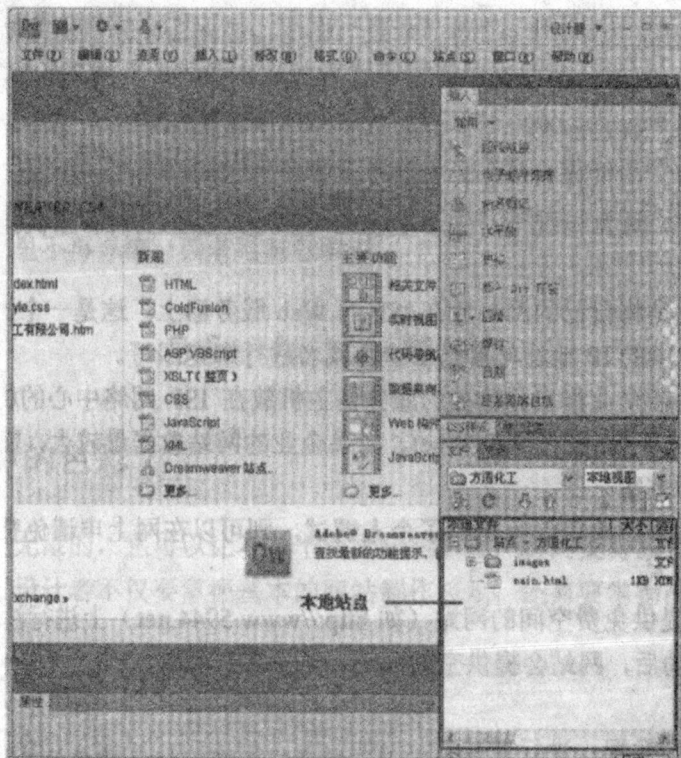

图3-20　本地站点方通化工

三、域名和空间的申请

网站建成之后，需要将网站"落户"，即为其申请域名和空间，以便让网络上的用户访问。在前文中，已经生成了一个网页文件mail. html，下面来学习如何申请域名和空间并将其上传。

1.域名

域名是连接企业和互联网网址的纽带，它就像一个品牌或商标一样，具有重要的识别作用，是企业在网络上存在的标志，担负着标志站点和展示形象的双重作用。

在选取域名时，应遵循"简单易记"和"有一定内涵"两个基本原则。一个好的域名应该短而顺口，便于记忆，方便输入，而且读起来要发音清晰，不会导致拼写错误，也不会导致同音异义词，这是判断域名好坏的一个重要因素。另外，域名应有一定的内涵和意义，这样的域名不但容易记忆，而且有助于实现企业的营销目标。

当选定一个域名后，还需要对该域名进行注册，以使其拥有一个合法的"身份"。域名的注册一般都是在线进行的，其基本操作流程如下：

(1)在线申请成为某个网络公司(如http://www.net.cn)的用户；

(2)查询拟注册的域名是否已被别人注册，如未被注册，则可以继续使用；

(3)填写域名资料，并通过购物车进行支付；

(4)支付成功后，该域名注册完毕。

2.空间

对一个大型企业来说，在创建了自己的网站后，可以自建机房，购买服务器、路由器和网络管理软件等，然后配备一定的网络技术人员，并向电信部门申请专线，建立一个属于自己的独立网站。但这样做往往投资较大，而且日常维护费用比较高，对大多数中小型企业来说并不现实。通常情况下，中小型企业可以通过虚拟主机和主机托管的方式创建自己的网站。

虚拟主机，就是将自己的网站放在ISP的Web服务器上。这是一个比较经济的方案，企业只需将ISP提供的IP地址与自己申请的域名进行绑定即可。

主机托管，是指企业将自己购买的服务器主机放在ISP网络中心的机房里，借助ISP的防护设备、网络通信系统接入Internet。如果企业的网站数据量较大，需要相对较大的空间，可以采用这种方案。

网站建成之后，如果仅仅只是为了个人调试，则可以在网上申请免费空间进行测试，其大致操作方法如下：

(1)在一些提供免费空间的网站上进行注册；

(2)注册成功后，网站会提供空间大小、免费二级域名、FTP上传地址、FTP账号和密码等资料；

(3)上传网站数据，进行调试。

四、网站文件的上传

域名及空间申请完毕之后，就可以使用IE浏览器或FTP软件将自己的网站数据上传到指定的FTP地址，让自己的网站在网络上"安家"了。

假设已经申请了一个空间，其域名为http://11845.qqnn.net，FTP地址为ftp://76.73.44.70，账号为11845，密码为123456。下面通过IE浏览器来实现网站文件的上传。

（1）打开IE浏览器，在地址栏中输入ftp：//76.73.44.70，这时会弹出如图3-21所示的"登录身份"对话框。

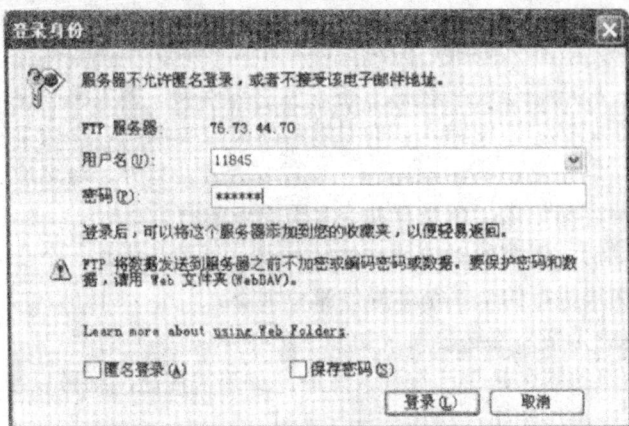

图3-21 登陆身份确定

（2）输入正确的用户名和密码后，单击"登录"按钮。

（3）将本地Web文件夹下的所有文件复制到指定的文件夹。

（4）进行测试。打开IE浏览器，输入域名http：//11845.qqnn.net/main.html，观察能否正常链接到已经制作好的河南方通化工有限公司的首页。如果能，则表示网站文件上传完成。

另外，也可以借助CuteFTP等FTP上传软件、Dreamweaver的站点上传功能来完成网站数据的上传，这里不再详解，读者可自行尝试。

五、知识链接

（一）网页中的色彩

色彩的魅力是无限的，它可以让本身平淡无味的东西，瞬间变得漂亮、灵动起来。所以一个出色的网页设计者不仅要掌握基本的网站制作技术，还需要掌握网站的风格、配色等设计艺术。

1.认识色彩

自然界中有很多种色彩，如玫瑰是红色的，大海是蓝色的，橘子是橙色的等，但最基本颜色的只有3种——红、黄、蓝。我们称这3种色彩为"三原色"，其他色彩都可以由这3种色彩调和而成。

色彩可以分为彩色和非彩色。其中，黑色、白色和灰色属于非彩色系列，其他颜色则属于彩色系列。任何一种彩色都具备色相、明度和纯度3个特征，而非彩色只有明度一个属性。

色相，指色彩的名称，是色彩最基本的特征，是一种色彩区别于另一种色彩的最主要因素。比如，紫色、绿色、黄色都代表了不同的色相。同一色相的色彩，调整一下亮度，又可成为新的色彩，如深绿、暗绿、草绿、亮绿等。

明度，也叫亮度，指色彩的明暗程度。明度越大，色彩越亮，如一些购物类、少儿类网站，多用一些鲜亮的颜色，让人感觉绚丽多姿、生气勃勃；明度越低，则颜色越暗，如一些游戏类网站多采用低明度色系，使网站充满了神秘感。有明度差的色彩更容易调和，如紫色(#993399)与黄色(#FFFF00)、暗红(#CC3300)与草绿(#99CC00)、暗蓝(#0066CC)与橙色(#FF9933)等。

纯度，指色彩的鲜艳程度。纯度高的色彩感觉更鲜亮，纯度底的色彩感觉更暗淡，含灰色。

相近色，指色环中相邻的3种颜色。相近色的搭配，会给人一种舒适、自然的视觉效果，所以在网站设计中极为常用。

互补色，指色环中相对的两种色彩。调整补色的亮度，有时候是种很好的搭配。

暖色，一般应用于购物类、儿童类和电子商务类网站，用以体现商品的琳琅满目、儿童的纯真活泼等效果。暖色与黑色调和可以达到很好的效果。

冷色，一般应用于一些高科技网站和游戏类网站，主要表达严谨、稳重等主题。绿色、蓝色、蓝紫色等都属于冷色系列。冷色与白色调和可以达到很好的效果。

色彩均衡的网站看上去很舒适、协调。一个网站不可能只运用一种颜色，所以色彩的均衡问题也是设计者必须要考虑的问题。色彩的均衡，包括色彩的位置、每种色彩所占的比例等。例如，鲜艳明亮的色彩面积应该小一些，这样会让人感觉更舒适、不刺眼，这就是一种均衡的色彩搭配。

2.色彩的作用

每种色彩都会给人一些特殊的感受和心理暗示。因此，在网页中运用合适的色彩，能表达出文字无法表达的视觉效果和心灵冲击力，使一个网站更契合它的主题。色彩所代表的含义如表3-1所示。

表3-1　色彩及其所代表的含义

色调	象征含义								
白	明快	洁白	纯真	神圣	朴素	清楚	纯洁	清静	信仰
黑	寂静	悲哀	绝望	沉默	黑暗	坚实	不正	严肃	寂寞	罪恶
红	热烈	活力	危险	愤怒	喜悦	爱情	革命	活泼	诚心	幼稚
橙	温暖	快活	华贵	积极	跃动	喜悦	温情	任性	甜蜜
黄	光明	希望	宝贵	朝气	愉快	欢喜	明快	轻薄	冷淡
绿	健康	安静	成长	清新	和平	亲爱	理想	纯情	柔和	安静
蓝	平静	科学	理智	深远	速度	悠久	冥想	真实	可信
紫	优美	神秘	不安	永远	高贵	温厚	温柔	幽雅	轻率

3.色彩的运用

色彩运用的原则是"总体协调，局部对比"。网页的整体色彩效果应该和谐，只有局部的、小范围的地方可以有一些强烈的色彩对比。在同一页面中，可以使用相近色来设置页面中的各种元素。

(1)确定网站的主色调。

一个网站不可能只运用一种颜色，那样会使人感觉单调、乏味，但也不可能将所有颜色都运用到网站中，那样会使人感觉轻浮、花哨。也就是说，一个网站必须有一种或两种主题色，不至于让浏览者迷失方向，也不至于单调、乏味。但尽量不要超过4种色彩，因为太多的色彩反而会让人没有侧重感。

确定主色调需从网站的类型以及网站所服务的对象出发。如创建旅游类站点可以选用绿色；游戏类站点可以选用黑色；政府类站点可以选用红色和蓝色；新闻类站点可以选用深红色或黑色再搭配高级灰等。

当主色调确定好以后，考虑其他配色时，一定要考虑其与主色调的关系、要体现什么样的效果。另外，要考虑哪种因素占主要地位，是明度、纯度还是色相。

(2)用色的技巧。

下面介绍一些用色的技巧，读者可以先了解，然后在今后的学习中通过不断地比较和揣摩，慢慢领会其要义。

※ 网页中的文字与背景要求有较高的对比度，通常用白底黑字或者淡色背景深色字体。可以先确定背景色，再在背景色的基础上加黑成为文字的颜色。

※ 站点Logo一般要用深色，要有较高的对比度，而且设计要醒目，明显、易记。

※ 导航栏所在的区域，通常是把菜单的背景颜色设置得暗一些，然后依靠较亮的颜色、比较强烈的图形元素或独特的字体将网页内容和菜单准确地区分开来。

※ 如果是创建公司站点，还应该考虑公司的企业文化，企业背景，CI、VI标识系统和产品的色彩搭配等。

※ 黑、白、灰3种颜色是万能色，可以跟任意一种色彩搭配。另外，在同一页面中，要在两种截然不同的色调之间过渡时，也可以在它们中间搭配灰色、白色或黑色，使其能够自然过渡。

※ 白色是网站最常用的一种颜色，恰当的留白对于协调页面的均衡有着很大的作用，能给人以遐想的空间。因此，很多设计类网站都大量运用留白艺术。

※ 如果有一些需要突出显示的内容，则可以使用一些鲜艳的颜色来吸引浏览者的视线，达到"万绿丛中一点红"的效果。

（二）网页基本元素的标准和使用技巧

大部分的网页都有Logo、Banner、导航栏、按钮、图像和文本等网页元素，这些元素被称为网页的基本元素，下面分别进行讲解。

1.Logo

Logo是网站的"商标"，一般包含网站名称、网址、网站标志和网站理念4部分，也可取其中一个部分进行设计。Logo一般位于网页页面的左上角，因为这是视觉的焦点，可以给读者留下较深的印象，其尺寸通常为88×31px。

2.Banner

Banner是指网站中的横幅广告，其常见尺寸有多种，其中468×60像素和88×31像素的Banner应用最多。468×60像素的Banner应大致在15kB左右，最好不要超过22kB；88×31像素的Banner最好在5kB左右，最好不要超过7kB。

3.导航栏

导航栏的作用是引导浏览者进行网页浏览。根据导航栏放置的位置可分为横排和竖排两种；根据表现形式，导航栏有图像导航、文本导航和框架导航等。导航栏也可以是动态的，如用脚本编写的导航栏或Flash导航栏等。

导航栏的制作要点可归纳为以下几点。

※ 图片导航虽漂亮，但占用的空间较大，应少用。

※ 在导航栏目不多的情况下，通常排为一排；如果导航栏目较多，就要考虑分两排甚至多排进行横向排列。

※ 内容丰富的站点可以使用框架导航，这样不管进入哪个页面都可以快速跳转到另一个页面的栏目。

4.按钮

按钮的大小没有具体规定，制作按钮时需注意以下两点。

※ 按钮要和网页的整体效果协调，不能太抢眼。一般采用背景较淡、字体较深的颜色，也可采用有较强对比度的颜色。

※ 对于单调的页面，可以考虑用按钮来点缀。

5.图像

图像比文本更直观和生动，它还可以传递一些文本不能传递的信息，但使用图像时应考虑它们对网速的影响。一般照片级效果的图像可以采用JPEG格式，而色彩不太丰富的图像应尽量采用GIF格式。

6.文本

网页内容中最主要的元素就是文本，文本编辑对网页的整体美感起着决定作用。黑色宋体字是网页中最常用的中文字体，因为网页背景通常为白色。正文文本的大小通常为12px，文本行间距通常设为20px，而标题文本可设置为14px或16px。文本的样式可通过对网页文本的属性进行设置修改。

文本制作的技巧如下。

※ 同版面文本样式最好在3种以内。

※ 文本的颜色要有别于背景，以便清楚地看到文本。

※ 每行文字的长度最好为20～30个中文字(40～60个英文字母)。段落与段落间应空一行并首行缩进，以便于阅读。

习题与思考题

利用Photoshop制作河南方通化工有限公司的子页草图(如图3-22所示)，并完成以下工作。

（1）切片，将草图保存为网页文件。

（2）认识Dreamweaver CS4软件。

（3）申请空间、域名。

（4）上传网页及相关文档。

（5）测试网站运行情况。

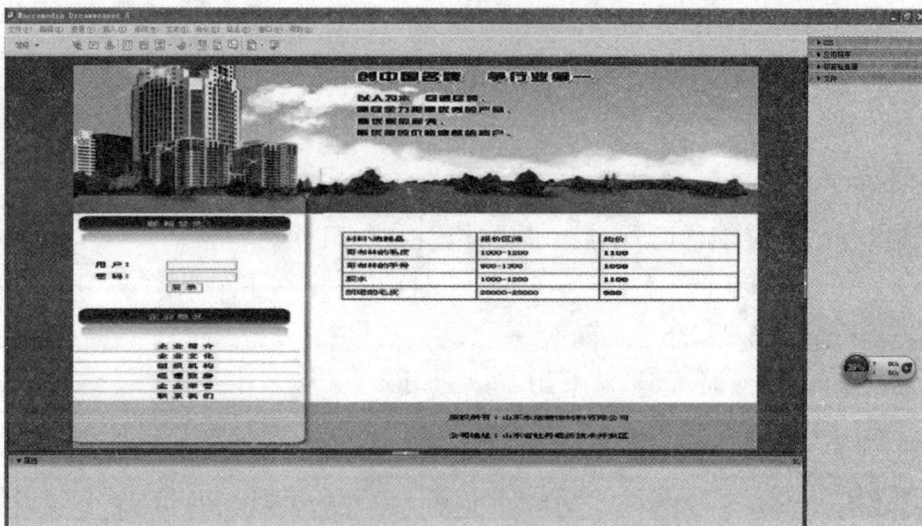

图3-22 网站子页草图

项目四 表 格

【项目提要】

　　表格是网页设计的核心，目前大多数Web页面都是用表格进行布局的。创建表格之后，可以在表格中进行添加内容、设置表格属性、嵌套表格等操作。本项目主要讲述了表格的标记和属性、表格的创建、表格的基本操作及使用布局表格和布局单元格设计网页等内容。最后以实例的形式介绍了布局视图在网页布局中的应用。本项目将学习表格的一些基本知识和使用技巧。

　　大部分网站的首页都是采用表格进行布局的，比如：sina.com(如图4-1)。表格可以控制文本和图像在页面上出现的位置。表格运用得如何，将直接影响网站的设计水平。本项目主要介绍表格在网页中的应用，包括表格标记和属性，用Dreamweaver MX创建表格，使用表格布局页面。

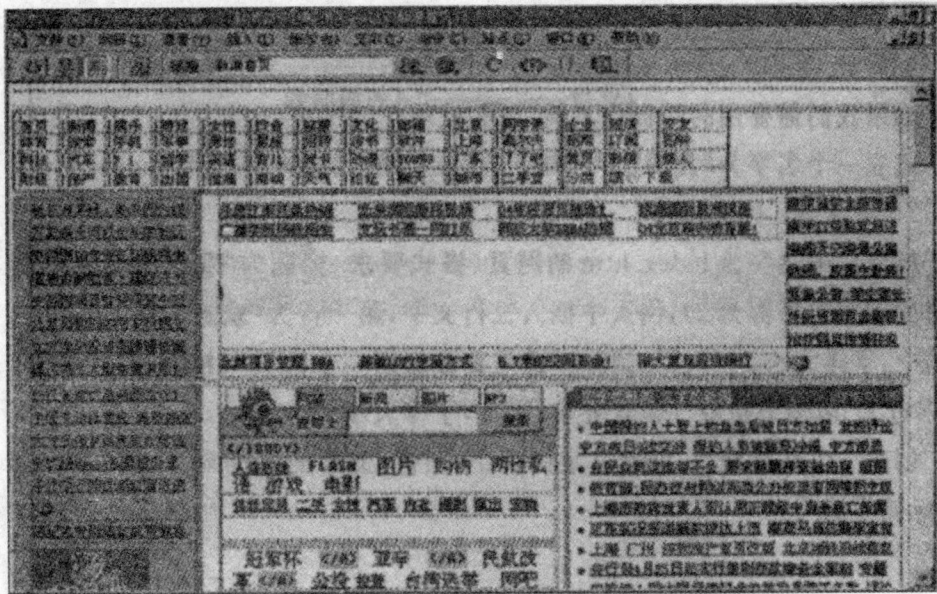

图4-1　新浪首页

任务一　表格标记和属性

　　本节讲述的表格标记和属性包括：表格标记、表格属性、表格嵌套等内容。

一、 表格标记

下面介绍生成表格的源代码，以图4-2所示的表格为例进行讲解。

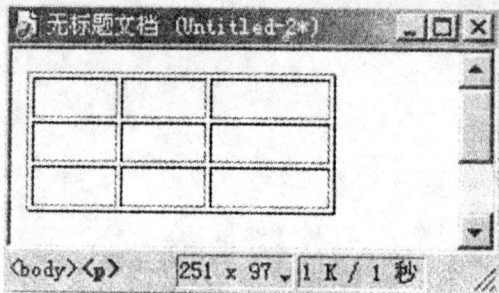

图4-2　插入表格

〈html〉
〈head〉
〈title〉介绍表格标记〈/title〉
〈/head〉
〈body〉
〈table width=〃75%〃 border="1"〉
〈tr〉
　　〈td width=〃30%〃〉 〈/td〉
　　〈td width=〃30%〃〉 〈/td〉
　　〈td width=〃40%〃〉 〈/td〉
〈/tr〉
〈tr〉
　　〈td〉 〈/td〉
　　〈td〉 〈/td〉
　　〈td〉 〈/td〉
〈/tr〉
〈tr〉
　　〈td〉 〈/td〉
　　〈td〉 〈/td〉
　　〈td〉 〈/td〉
〈/tr〉
〈/table〉
〈/body〉
〈/html〉

　　在HTML中，表格的标记是〈table〉和〈/table〉，在这两个标记之间还可以使用以下一些标记。

〈tr〉和〈/tr〉：指定表格中的行。

〈td〉和〈/td〉：用于定义一个单元格。表格的数据和内容都包含在这个标记当中。

 ：HTML的实体字符，代表一个空格。

〈th〉和〈/th〉：定义表格的头，通常显示在表格的第一行。

〈tr〉和〈/tr〉表示了表格一行的开始和结束，而〈td〉和〈/td〉则表示了一列开始和结束。所以：

〈tr〉

〈td〉 ；〈/td〉

〈td〉 ；〈/td〉

〈td〉 ；〈/td〉

〈/tr〉

则表示一行的三个单元格。

二、表格属性

请看如下的HTML代码：

〈html〉

〈head〉

〈title〉介绍表格属性〈/title〉

〈/head〉

〈body〉

〈table width=〃75%〃height=〃130〃border=〃3〃cellpadding=〃10〃

cellspacing=〃6〃〉

〈tr〉

　〈td〉第一行第一列〈/td〉

　〈td〉第一行第二列〈/td〉

　〈td〉 ；〈/td〉

〈/tr〉

〈tr〉

　〈td〉第二行第一列〈/td〉

　〈td〉第二行第二列〈/td〉

　〈td〉 ；〈/td〉

〈/tr〉

　　〈/table〉

〈/body〉

〈/html〉

用浏览器预览表格，效果如图4-3所示。

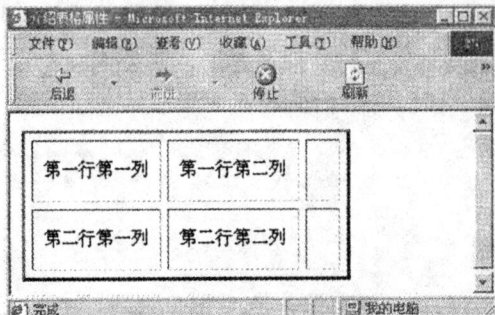

图4-3　表格的效果图

标记〈table〉和〈/table〉间包含了一个表格，其中的参数：

〈table width=″75%″height=″130″border=″3″cellpadding=″10″

cellspacing=″6″〉

表示了表格的宽度、高度、边框的宽度、单元格的边距、单元格的间距。

下面介绍表格的一些常见属性。

1.表格的宽度

可以设置整个表格、某一列或者某个单元格的宽度。比如要改变整个表格、某一列或者某个单元格的宽度时，只要将该属性插入到表格、列、单元格开始的地方即可。设置宽度有两种格式：一种是占浏览器窗口宽度的百分比，表示方法为：

width=″75%″

另一种是固定宽度，表示方法为：

width=″450″

2.表格的边框

在用表格布局页面时，通常将表格的边框宽度设置为0，表示方法为：

border=″0″

3.表格的对齐方式

对齐属性：align=″center″。

只要将该属性插入到相应的地方即可。比如，要改变表格的对齐方式，就将该属性插入到表格开始的地方，如下所示：

〈table width=″600″height=″150″border=″2″ align=″center″cellpadding=″10″cellspacing=″6″〉

表格在窗口中的对齐方式有三种，表示方法为：

左对齐：align=″left″

居中对齐：align=″center″

右对齐：align=″right″

4. 背景色

背景色属性：bgcolor=″#FF0000″

比如，要设置某个单元格的背景色，就将该属性插入到单元格开始的地方，如下所示：

〈td bgcolor=″#FF0000″〉第一行第一列〈/td〉

内容为第一行第一列的单元格，背景色为红色。

比如，要设置某一行的背景色，就将该属性插入到行开始的地方，如下所示：

〈tr bgcolor=″#0000FF″〉

则该行的背景色为蓝色。

比如，要改变表格的背景色，就将该属性插入到表格开始的地方，如下所示：

〈table bgcolor=″#00CC66″width=″75%″border=″3″cellpadding=″10″cellspacing=″6″〉

则整个表格背景色为浅绿色。

如果在表格中将单元格、行、整个表格都设置了颜色，应用颜色的优先顺序是单元格、行、表格。

5. 单元行

表格单元行标记〈TR〉的属性和〈TABLE〉标记的属性类似，但是根据优先级的原则，〈TR〉的属性对于本行有优先权，但是只能作用于本单元行。〈TR〉标记是双标记，如果写成单标记，在个别版本的浏览器上会提示格式出错。

属性如下：

align：设置本单元行内水平对齐方式。可选值为：left、center、right。

valign：设置本单元行内垂直对齐方式。可选值为：top、middle、bottom。

bgcolor：设置本单元行的背景色。

bordercolor：设置本单元行的边框颜色。

6. 单元格

单元格标记〈TD〉和〈TH〉都是双标记，如果写成单标记，在个别版本的浏览器上会提示格式出错。

属性如下：

width：设置单元格宽度。

height：设置单元格高度。

align：设置单元格内水平对齐方式。可选值为：left、center、right。

valign：设置单元格内垂直对齐方式。可选值为：top、middle、bottom。

bgcolor：设置单元格的背景色。

background：设置单元格的背景图案。

7. 合并单元格

表格中合并单元格包括合并单元行，合并单元列，同时合并行和列。

属性如下：

colspan：设置该单元格向右合并的列数。

rowspan：设置该单元格向下合并的行数。

这两个属性可以使用在〈TR〉〈TD〉和〈TH〉标记中。

三、表格嵌套

表格嵌套是指把一个新表格插入到已有的单元格中。嵌套表格的宽度受它所在单元格宽度的限制。

设置嵌套表格的操作步骤如下。

（1）将光标置于要嵌套表格的单元格中，如图4-4所示。

（2）选择菜单命令"插入"→"表格"或单击"插入"面板"常用"分类中的"插入表格"按钮，打开"插入表格"对话框。设置插入表格的属性，如行数、列数、高度、宽度等。此处插入一个3行3列的表格，单击"确定"按钮，如图4-5所示。

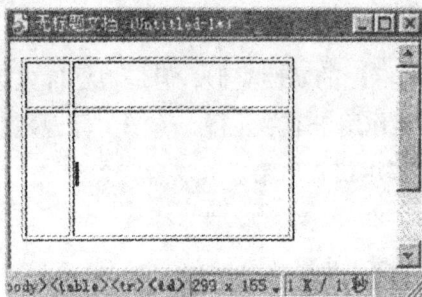

图4-4 在该表格中嵌套表格

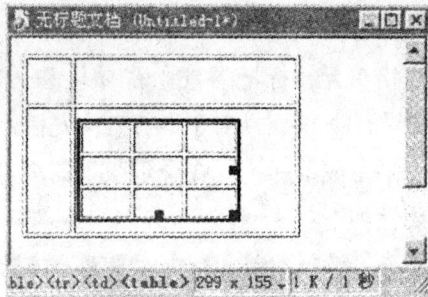

图4-5 插入嵌套的表格

任务二 用Dreamweaver 创建表格

本节介绍了用Dreamweaver MX创建表格的方法。

一、 创建表格

Dreamweaver MX默认的是标准视图，在标准视图下可以进行插入表格的操作。如果不是标准视图，选择菜单命令"查看"→"表格视图"→"标准视图"，切换到标准视图。

此外，单击"插入"面板"布局"分类中的 标准视图 按钮和 布局视图 按钮，快捷地在两个视图间切换。

插入表格的操作步骤如下。

1. 将光标定位到文档窗口中需要插入表格的地方

2. 执行下列操作方法之一

(1)选择菜单命令"插入"→"表格"。

(2)单击"插入"面板"常用"分类中的"插入表格"按钮，"常用"面板如图4-6所示。

图4-6 "常用"面板

（3）单击"插入"面板"表格"分类中的"插入表格"按钮，"表格"面板如图4-7所示。

图4-7 "表格"面板

执行上述操作后，会弹出一个如图4-8所示的"插入表格"对话框。

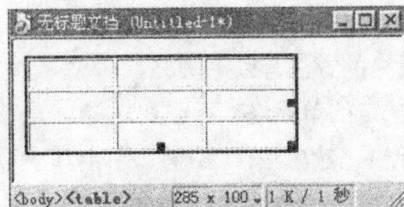

图4-8 "插入表格"对话框

图4-9 3行3列表格

3. 在"插入表格"对话框中可设置下列属性

"行数"：表格的行数。

"列数"：表格的列数。

"单元格填充"：单元格内容和单元格边框之间的距离。

"单元格间距"：相邻单元格之间的距离。

"宽度"：表格在网页中的宽度(可用百分比或像素表示)。

"边框"：表格边框的宽度。

4.单击"确定"按钮，设置好的表格就出现在文档中了，如图4-9所示

二、表格的操作

本节讲述的表格操作包括：选择表格、合并拆分表格、表格内容排序、格式化表格等内容。

1.选择表格

选择对象是最基本的操作，是进行对象属性设置的前提。

(1)选择一个单元格。

选择一个单元格的方法有以下两种。

①按住鼠标左键并拖动鼠标来选择一个单元格。

②将光标置于欲选择的单元格内，单击文档窗口下面标签选择器中的〈td〉标签来选择该单元格。

(2)选择相邻的单元格。

有时我们需要选择相邻的几个单元格，有以下两种方法。

①选择一个单元格，按住Shift键的同时单击另一个单元格，这时选定区域中的所有单元格即被选定。

②单击一个单元格，并拖动鼠标横向或纵向移动到另一个单元格，然后释放鼠标即可，如图4-10所示。

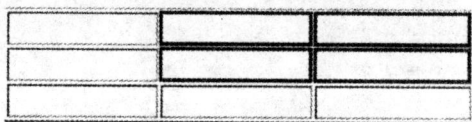

图4-10 选择相邻的单元格

(3)选择不相邻的单元格。

选择不相邻的几个单元格的方法有以下两种。

①按住Ctrl键，单击要选定的单元格、行或列。

②选定多个连续的单元格，然后按住Ctrl键，单击其中不需要选定的单元格，如图4-11所示。

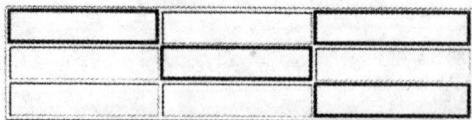

图4-11 选择不相邻的单元格

(4)选择行。

选择行的方法有以下两种。

①单击要选择表格行中的第一个单元格,然后按住鼠标左键,拖动鼠标到表格行中最后一个单元格中,再释放鼠标,即可选中表格行。此时上下拖动鼠标,可以选中多行。

②将鼠标指针移动到要选择的表格行左方表格之外的位置,当鼠标指针变为一个指向右方的黑色箭头形状时,单击鼠标即可选中相应的表格行,如图4-12所示。同样,拖动鼠标移过多少个表格行,就可以选中多少个表格行。

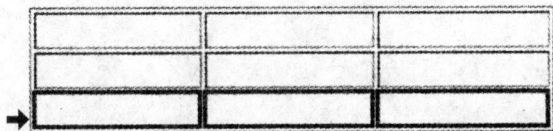

图4-12 选择整行

当表格行被选中时,该行中所有的单元格四周都带有黑色粗框。

(5)选择列。

选择列的方法有以下两种。

①单击要选择表格列中的第一个单元格,然后按住鼠标左键,拖动鼠标到表格列中最后一个单元格中,再释放鼠标,即可选中表格列。此时拖动鼠标移过多少个表格列,就可以选中多少个表格列。

②将鼠标指针移动到要选中的表格列上方表格之外的位置,当鼠标变为一个指向下方的黑色箭头形状时,单击鼠标即可选中相应的表格列,如图4-13所示。此时左右拖动鼠标指针,可以选中多列。

图4-13 选择整列

当表格列被选中时,该列中所有的单元格四周都带有黑色粗框。

(6)选择整个表格。

选择整个表格的方法有以下三种。

①单击表格中任意位置,然后选择菜单命令“修改”→“表格”→“选择表格”。

②将鼠标移到表格左上角的位置,或是表格上边框或下边框外附近的任意位置,当鼠标指针变为一个交叉十字的形状时单击鼠标,如图4-14所示。

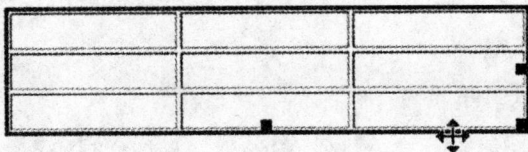

图4-14 选择整个表格

③选定表格中任一单元格，然后选择菜单命令"编辑"→"全选"，或者按下Ctrl+A快捷键。当表格被选中时，周围出现一个黑色粗框，并有3个控制手柄，用鼠标拖动这些手柄，即可改变表格的大小。

2.合并拆分单元格

表格的合并拆分在页面布局中的作用是很重要的，因为有时候需要改变表格的布局来实现版面的设计。

(1)合并单元格。

合并单元格就是将若干行合并成一行，或者将若干列合并成一列。选定要合并单元格，然后执行下列操作方法之一。

①选择菜单命令"修改"→"表格"→"合并单元格"。

②在选定单元格上单击鼠标右键，打开快捷菜单，执行"表格"→"合并单元格"命令。

③单击"属性"面板上的▢按钮。

(2)拆分单元格。

拆分单元格是指将一个单元格拆分成几个独立的单元格。将光标置于要拆分的单元格中，然后执行下列操作方法之一。

①选择菜单命令"修改"→"表格"→"拆分单元格"。

②在选定单元格上单击鼠标右键，打开快捷菜单，执行"表格"→"拆分单元格"命令。

③单击"属性"面板上的▦按钮。

3.表格内容排序

和其他数据处理软件一样，Dreamweaver MX也可以对表格中的数据按照一定的规则排列，比如，按数字排序、按字母排序等。

例如：将如图4-15所示的数据按"年龄"的降序排列。

姓 名	职 业	年 龄	家 庭 住 址
王 芳	学生	17	重庆东路23号
张 明	职员	26	江西路57号
李铁华	教师	29	淮海路128号
刘红艳	职员	32	登州路15号
姚江川	工人	27	台东路76号
周建国	学生	19	长江路210号

图4-15　将该表数据按"年龄"的降序排列

操作步骤如下。

(1)单击表格中的任意单元格。

(2)选择菜单命令"命令"→"排序表格"，打开"排序表格"对话框，如图4-16

所示。

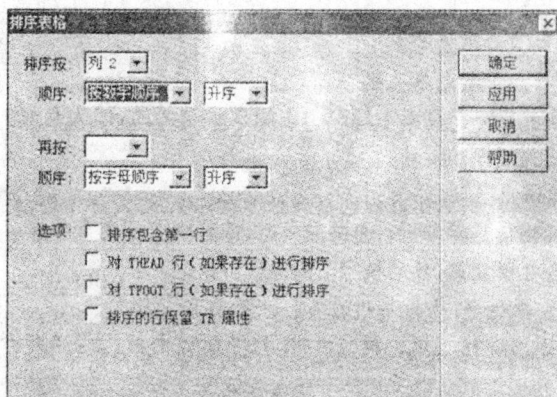

图4-16 "排序表格"对话框

(3)对话框中各属性的设置如下。

"排序按"：选择排序的列。

"顺序"：确定是按字母还是数字，按升序还是降序排列。

"再按"：确定第二种排序的列。

"排序包含第一行"：排序时包含第一行的数据。

"对THEAD行(如果存在)进行排序"：如果存在THEAD行，则对其进行排序。

"对TFOOT行(如果存在)进行排序"：如果存在TFOOT行，则对其进行排序。

"排序的行保留TR属性"：表格排序后，保留TR属性。

(4)设置完成后，单击"确定"按钮完成对表格的排序，如图4-17所示。

【注意】如果表格中含有经过合并生成的单元格，表格将无法使用表格排序功能。

姓 名	职 业	年 龄	家 庭 住 址
刘红艳	职员	32	登州路15号
李铁华	教师	29	淮海路128号
姚江川	工人	27	台东路76号
张 明	职员	26	江西路57号
周建国	学生	19	长江路210号
王 芳	学生	17	重庆东路23号

图4-17 排列结果

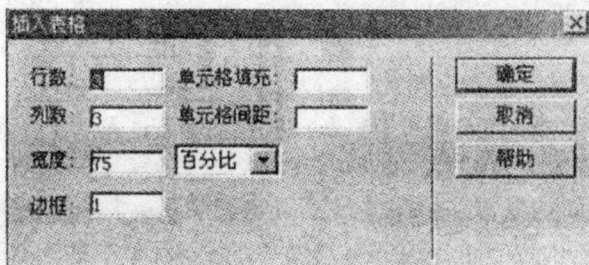

图4-18 "插入表格"对话框

4.格式化表格

(1)设置表格边框。

在创建表格时可以在"插入表格"对话框中设置表格的边框宽度，如图4-18所示。在"边框"文本框中输入边框的宽度，如0、1、2等。

如果想改变已创建表格边框的宽度，应先选中表格，然后在"属性"面板中，将边框的值重新设置即可。比如，表格边框原值为1，现在为0，改变前后的表格如图4-19所示。

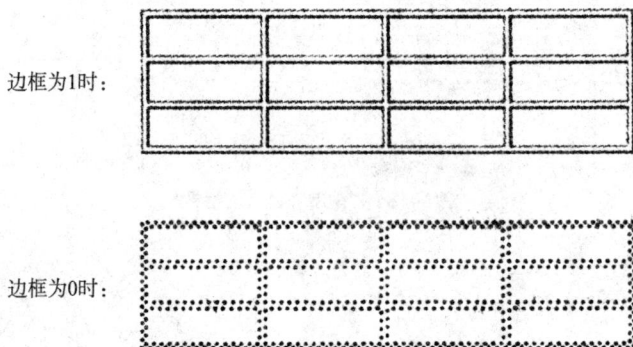

图4-19　边框宽度改变前后的表格

(2)设置表格宽度。

表格宽度的设置有两种方式：一是设置为像素值，二是设置为百分比数值，这两种方式各有优缺点。当浏览器窗口过小时，第一种方式看不到表格的整体，需拖动浏览器的水平滚动条浏览表格，但可以准确地保持单元格中数据的格式和位置。第二种方式随着浏览器窗口的变化，仍然可以看到表格的整个行，但表格中数据的格式和位置可能会改变。实际应用中，根据需要可以将表格的宽度通过■按钮和■按钮，进行像素和百分比之间的转换。

(3)增加行或列。

在已创建的表格内增加行、列，可以通过以下的步骤来完成。

增加行有下列三种操作方法：

①将光标置于要插入行的下一行，选择菜单命令"修改"→"表格"→"插入行"；

②将光标置于要插入行的单元格中，单击鼠标右键，打开快捷菜单，单击"表格"→"插入行"命令；

③将光标置于要插入行的下一行，按Ctrl+M组合键。

增加列有下列三种操作方法：

①选择菜单命令"修改"→"表格"→"插入列"，则在光标所在列的左侧增加了一列；

②将光标置于要插入列的单元格中，单击鼠标右键，打开快捷菜单，单击"表格"→"插入列"命令；

③按Ctrl+Shift+A组合键，则在光标所在列的左侧增加了一列。

如果要同时增加多行和多列，操作步骤如下：

①将光标置于要插入行或列的单元格中；

②在单元格上单击鼠标右键，打开快捷菜单，单击"表格"→"插入行或列"命令，打开"插入行或列"对话框，如图4-20所示；

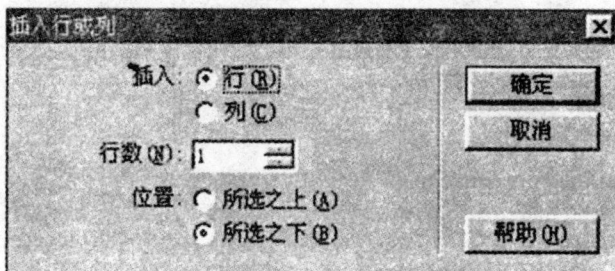

图4-20 "插入行或列"对话框

③在"插入"域中选择插入的对象，指定"行数"/"列数"和"位置"，单击"确定"按钮。

(4)删除行或列。

在要删除的行或列上单击鼠标右键，单击"表格"→"删除行"命令删除行；单击"表格"→"删除列"命令删除列。

任务三 表格的应用

本节讲述表格的应用包括：使用标记进行页面布局的方法，在布局视图中创建布局表格和布局单元格的方法，布局视图在页面设计中的应用等内容。

一、使用表格布局页面

在互联网上著名的网站版面通常都很复杂，页面布局往往是用表格完成的。表格使得网页在不同的平台、不同的分辨率的浏览器里都能保持布局和页面对称。

布局，就是以最佳浏览的方式将文字和图片排放在页面的不同位置。网站页面的制作需要首先绘制一张草图，在草图上合理地安排一些基本部件，包括网站的标志、导航栏、广告条、信息区和友情链接等，并根据部件的重要程度来摆放。在结构草图的基础上，将需要放置的功能模块安排在页面上。同时，要注意突出重点和平衡协调。从整体效果上看，将不协调的地方做适当的调整，然后将草图用Dreamweaver MX的表格功能来实现。

1.使用表格标记

(1)〈table〉标记的属性有：id、class、border、cellpadding、cellspacing、bgcolor、width、align和style等。

其语法为：

〈table

id=″ID namer″

class=″class name″

border=″pixels″

bgcolor=″color name ｜#rrggbb″

cellpadding=″pixels″

cellspacing=″pixels″

width=″pixel ｜percentage″

align=″left ｜center ｜right″

style=″style information″〉

其中：

①border、width、cellpadding、cellsapcing分别用于设置表格的边框宽度、表格的宽度、单元格和单元格数据之间的间距、单元格之间的间距。取值单位均可为像素值，width属性的取值也可以是百分比(相对窗口的宽度)。

②bgcolor为表格的背景颜色，也可用background设置表格的背景图。

③align用于设置表格中文字的对齐方式：left(左)、center(中)、right(右)。

【例4.1】定义表格。

〈table class=″mytable″border=″1″cellpadding=″5″cellspacing=″4″

bgcolor=″#ff0000″width=″50%″〉

…

〈/table〉

在上例中表格的边框宽度为1个像素点，在浏览器中可以看到边框，若设为0在浏览器中看不到边框。单元格和单元格数据之间的间距是5个像素点，单元格之间的间距是4个像素点。表格的背景颜色为红色，表格的宽度只占窗口的一半。

(2)〈caption〉标记的属性：

〈caption align=″left ｜right ｜bottom ｜top″〉

对文字可使用center值，还可以用style在行内定义样式表。

(3)〈tr〉标记的属性：

〈tr

align=″left ｜right ｜center ｜justify″

valign=″baseline ｜bottom ｜top ｜middle″(IE中用center)

bgcolor= ″ color name ｜ # rrggbb ″

style= ″ style information ″ 〉

其中：align设置单元格内容水平对齐方式；justify是根据样式表进行调整；valign设置表格单元在竖直方向的对齐方式；bgcolor和style设置所有单元格背景颜色和单元格数据样式规则。

(4)〈th〉和〈td〉标记的属性：

〈th ｜ td

align= ″ left ｜ center ｜ right ｜ justify ″

bgcolor= ″ color name ｜ #rrggbb ″

width= ″ pixels ″

height= ″ pixels ″

rowspan= ″ number ″

colspan= ″ number ″ 〉

这里属性align、bgcolor、width和height分别设置单元格内容对齐方式，单元格背景颜色，高度和宽度。而rowsapn和colspan用于设置单元格所占行和列的数目，也就是该单元格跨几行或几列，相当于按行或列合并单元格。

【例4.2】跨行表格。

〈html〉

〈head〉〈title〉跨行表格〈/title〉〈/head〉

〈body〉

〈table border= ″ 1 ″ align= ″ center ″ cellpadding= ″ 1 ″ cellspacing= ″ 2 ″ width= ″ 50% ″ style= ″ font：11pt ″ 〉

　　〈caption〉跨行表格〈/caption〉

　　〈tr〉

　　〈td rowspan= ″ 3 ″ 〉单元格1(占3行)〈/td〉

　　〈td〉单元格2〈/td〉

　　〈td〉单元格3〈/td〉

　　〈/tr〉

　　〈tr〉

　　〈td〉单元格4〈/td〉

　　〈td〉单元格5〈/td〉

　　〈/tr〉

　　〈tr〉

　　〈td〉单元格6〈/td〉

　　〈td〉单元格7〈/td〉

〈/tr〉

〈/table〉

〈/body〉

〈/html〉

本例在IE中的浏览效果如图4-21。

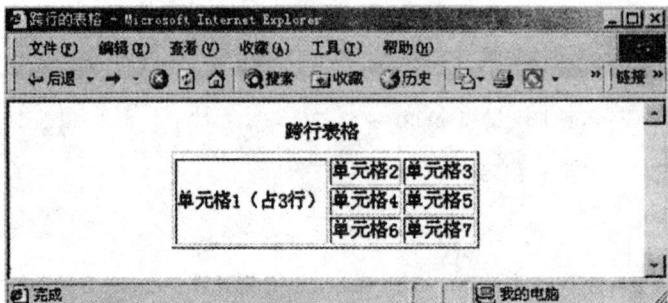

图4-21 跨行表格

【例4.3】跨列表格。

〈table border=〞1〞cellspacing=〞5〞 width=〞200〞〉

〈tr〉

〈td colspan=〞2〞〉单元格1〈/td〉

〈/tr〉

〈tr〉

〈td〉单元格2〈/td〉

〈td〉单元格3〈/td〉

〈/tr〉

〈/table〉

跨列表格类似于Word中的横向合并单元格，如图4-22。

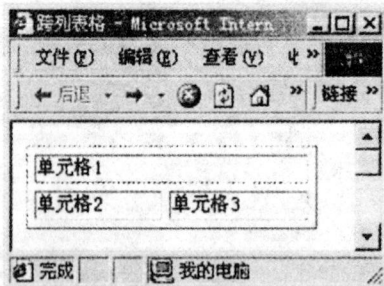

图4-22 跨列表格

【例4.4】嵌套表格。

在使用表格进行页面布局时，经常要用到嵌套表格。比如，要在单元格1中设置嵌套表格，只需将嵌套表格代码插入到单元格1开始的地方。

```
〈table width= ″75% ″ border= ″1 ″ 〉
〈tr〉
〈td〉  〈/td〉
〈td〉  〈/td〉
〈/tr〉
〈tr〉
〈td〉  〈/td〉
〈td〉  〈/td〉
〈/tr〉
〈/table〉
```

本例在IE中的浏览效果如图4-23。

图4-23　插入嵌套表格

2.使用布局视图

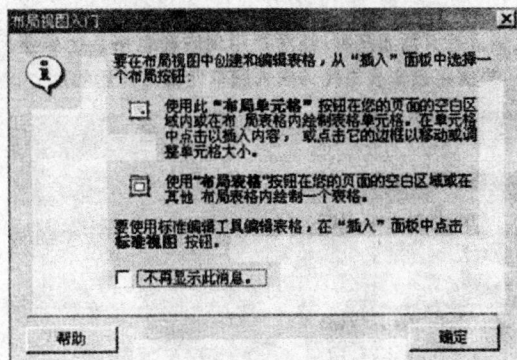

图4-24　布局视图入门

　　为了简化使用表格进行布局设计的过程，Dreamweaver MX提供了布局视图。在布局视图中，可以使用布局表格和布局单元格设计页面，还可以轻松、快捷地进行定位、移动表格等操作，设计页面布局可谓是一气呵成，避免了在标准视图下的弊端。

　　默认情况下，打开的是标准视图，如果要切换到布局视图，选择菜单命令"查看"→"表格视图"→"布局视图"。

首次使用布局视图时，弹出"布局视图入门"的提示，如图4-24所示。

从"布局视图入门"的提示框中得知布局表格和布局单元格的基本常识。

"布局"面板如图4-25所示，其中各个选项的作用如下。

图4-25   "布局"面板

"插入表格"按钮▦：插入表格。

"描绘层"按钮▨：绘制图层。

标准视图：默认状态下的视图。

布局视图：只有在此视图下，才能进行网页的排版操作。

"绘制布局表格"按钮▢：绘制排版表格。

"绘制布局单元格"按钮▨：绘制排版单元格，与"绘制层"按钮仅在布局视图中才可用。

(1)绘制布局表格。

①绘制布局表格：切换到布局视图，单击"插入"面板"布局"分类中的▢按钮，鼠标指针变成"+"字形状，在页面上拖动鼠标，拖出一个矩形框，即可绘制出布局表格，如图4-26所示。

如果要一次绘制多个布局表格，需按住Ctrl键。

【注意】布局表格不能重叠，但是可以在布局表格内部绘制另外的布局表格，从而形成嵌套，如图4-27所示。但嵌套的表格不宜过多，否则会影响页面下载速度。

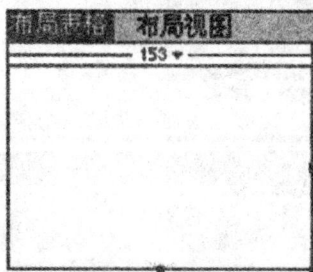

图4-26   绘制布局表格

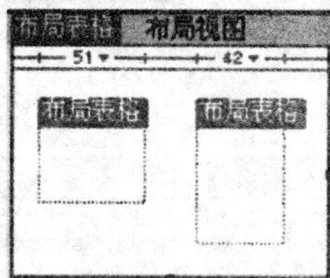

图4-27   嵌套布局表格

②改变布局表格的大小：选定布局表格时，布局表格周围用绿线环绕，并出现3个控制手柄，用鼠标拖动这些手柄，即可改变布局表格的大小。

③单击列表头的向下箭头，打开下拉菜单，如图4-28所示。

菜单上各个命令的作用如下。

"列设置为自动伸展"：设置某一列为自动伸缩方式，即表格的宽度随着浏览器窗口的大小自动伸缩。

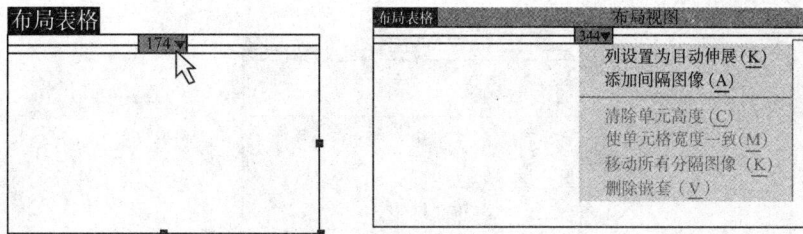

图4-28 布局表格下拉菜单

"添加间隔图像"：添加透明间隔图像。

"清除单元格高度"：取消设置的单元格高度。

"使单元格高度一致"：使单元格宽度匹配其中的内容。

"移除所有分隔符图像"：删除所有的分隔符图像。

"删除嵌套"：删除嵌套的表格。

(2)绘制布局单元格。

切换到布局视图，单击"插入"面板"布局"分类中的按钮█后，鼠标指针变成"+"字形状，在页面上拖动鼠标，拖出一个矩形框，即可绘制出布局单元格，如图4-29所示。

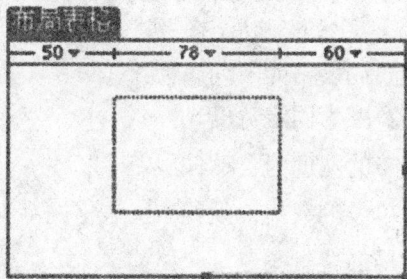

图4-29 绘制布局单元格

绘制布局单元格后，在布局表格中出现网格线，有助于对齐布局单元格。

(3)移动布局表格和布局单元格。

选择布局表格和布局单元格后，用鼠标将其拖到新的位置，也可以使用方向键移动。

每按一次方向键，移动1个像素。

如果按住Shift键，每按一次方向键，移动10个像素。

【注意】布局表格只有嵌套在其他表格中，才可以移动。

(4)在布局单元格中添加内容。

在布局单元格中可以插入文本、图像等内容。

在布局视图中添加内容时，内容不能添加在布局表格中，因此必须创建布局单元格，在布局单元格中插入文本、图像和其他对象，操作方法和在标准视图下相同，如图4-30所示。

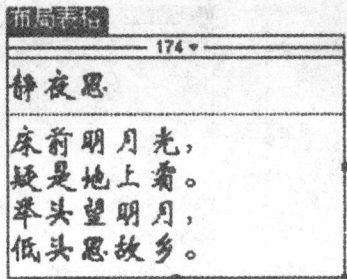

图4-30　加入文本的布局单元格

提示：当插入内容较多时，布局单元格会自动扩展，但是周围单元格的大小会受到影响。

(5)设置布局表格和单元格属性。

在"属性"面板中可以设置布局表格和单元格的属性，包括宽度、高度、背景颜色等。

设置布局表格属性选定布局表格，打开布局表格"属性"面板，如图4-31所示。

图4-31　布局表格"属性"面板

在属性面板中可以设置布局表格的下列属性：

"固定"：设置表格的宽度为固定宽度。

"自动伸展"：设置表格的宽度为自动伸展。

"高"：输入以像素为单位的数值，设置布局表格的高度。

"背景颜色"：设置布局的背景颜色。

"填充"：单元格内容与边框的距离。

"间距"：表格中单元格之间的距离。

"清除行高"按钮█：清除单元格的高度。

"使单元格宽度一致"按钮█：重置每一个单元格的宽度，使其匹配单元格中的内容。

"删除所有分隔符图像"按钮█：从布局表格中删除所有的间隔图像。

"删除嵌套"按钮█：删除被选择的嵌套表格，但保留其中的内容。

单元格属性设置方法类似于表格属性，这里不再赘述。

(6)设置布局视图参数。

通过设置可以更改默认的布局表格和布局单元格的外框颜色、背景颜色、间隔图像等属性。

选择菜单命令"编辑"→"参数选择"。打开"参数选择"对话框，选择"布局视图"分类，在右侧选项中设置布局视图的各项参数，如图4-32所示。

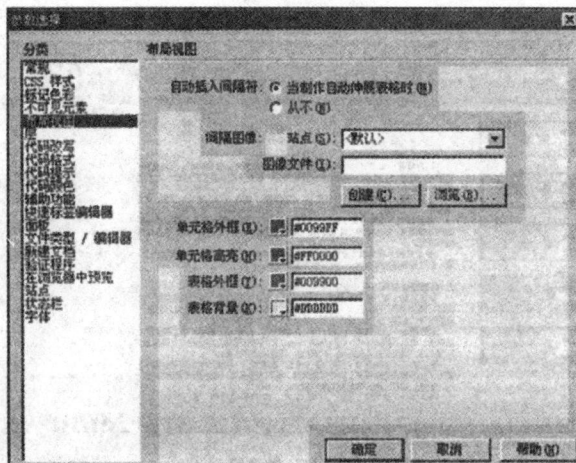

图4-32 设置布局视图参数

在默认的情况下，布局表格顶部会显示标签，如果要取消显示，选择菜单命令"查看"→"表格视图"→"显示布局表格标签"，如图4-33所示。

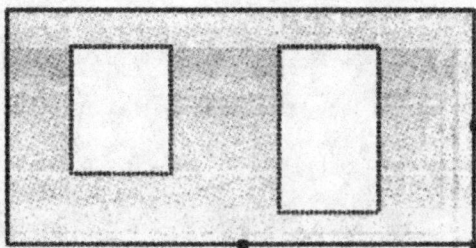

图4-33 隐藏布局表格标签

二、应用实例

1.页面数据的组织

运用Dreamweaver MX的表格功能绘制设计草图后，将部件填充到页面中。页面最上端的区域称为页眉区，根据需要页眉区用一个1×3的表格来制作，第1列单元格中插入该网站的标志，第2列单元格中插入宣传该网站的广告图片，第3列单元格中插入显示当前日期的程序代码。在页眉区的下方放置网站的导航栏，在嵌套表格的各单元格中输入对应导航文本。网站导航区就是将网站的主题按一定的方法分类得到的。这样的网站，主题突出，给浏览者留下深刻的印象。在导航区下方是广告图片，或是一个广告Flash。在广告下方的左侧或右侧设立一个"最近最新"的栏目，使网页更富有人性化。功能模块放置在信息区。信息区的内容一般都是比较概括的文字，因此文字不宜过多，相关文字的图片放在文字区域的左方单元格中。版权区位于页面的最下端，在3×1的表格中，友情链接放置在表格第1行的单元格中，第2、3行放置网站的版权内容。

2.页面布局设计

下面将在布局视图中设计一个较为完整的页面，效果图如图4-34所示。具体操作步骤如下。

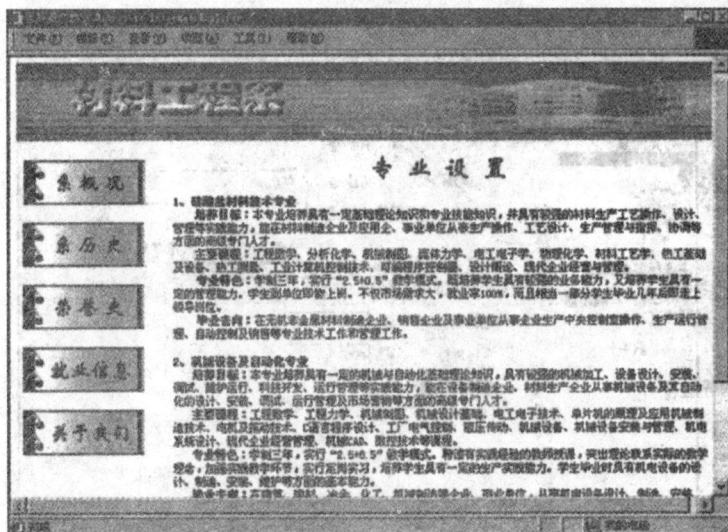

图4-34　效果图

(1)切换到布局视图，单击"布局表格"按钮，在页面内绘制一个布局表格区域，在"属性"面板中将该布局表格的宽度设置为760像素，高度为84像素，如图4-35所示。

图4-35　设置布局表格的宽度和高度

图4-36　插入图像文件

(2)单击"布局单元格"按钮，在顶部的布局表格中绘制布局单元格，在"属性"面板中将该布局单元格的宽度也设置为760像素，高度为84像素。

(3)将光标定位到顶部的布局单元格内，单击"插入"面板"常用"分类中的"图像"按钮，将图像插入到布局单元格内，如图4-36所示。

(4)在其下绘制一个布局表格，宽度设置为760像素，高度为450像素。

(5)在布局表格的左侧、右侧各绘制一个布局表格，左侧的宽度、高度分别设置为143像素、430像素；右侧的宽度、高度分别设置为582像素、432像素。如图4-37所示。

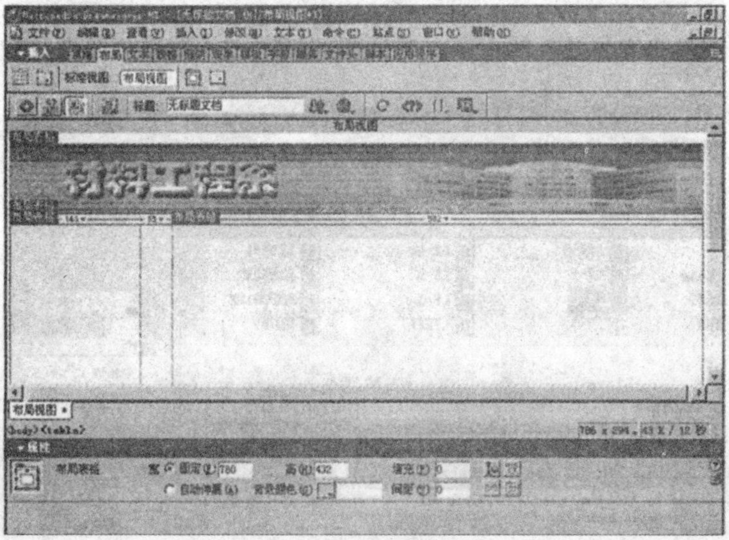

图4-37　绘制布局表格

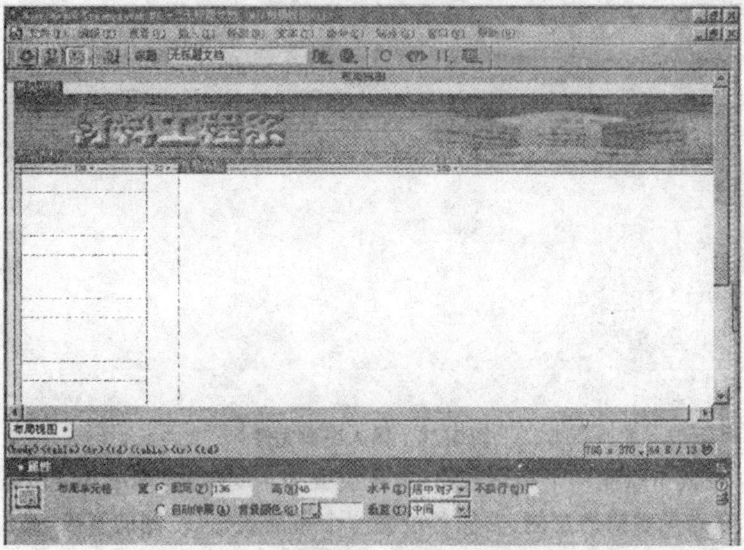

图4-38　绘制布局单元格

(6)单击"布局单元格"按钮，在左侧的布局表格中绘制10个布局单元格。

(7)在第1、3、5、7、9个布局单元格的属性面板中将布局单元格的宽度设置为136

像素，高度设置为20像素，作为间隔。

(8)在第2、4、6、8、10个布局单元格的属性面板中将布局单元格的宽度设置为136像素，高度设置为46像素，作为放置导航栏图像的区域，如图4-38所示。

(9)将光标定位到导航栏布局单元格内，单击"插入"面板"常用"分类中的"图像"按钮，出现如图4-39所示的对话框，在其中选择导航栏图像。

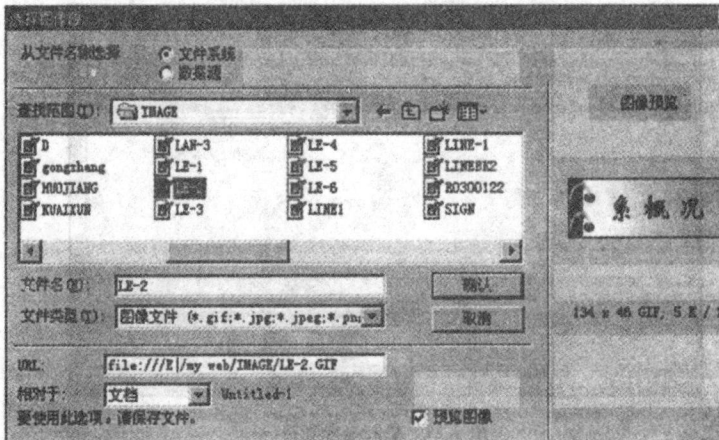

图4-39 "选择图像源"对话框

(10)单击"确认"按钮，将图像插入到布局单元格内。

(11)同理，将其他的图像插入到后面的布局单元格内，导航栏全部插入后的页面显示效果如图4-40所示。

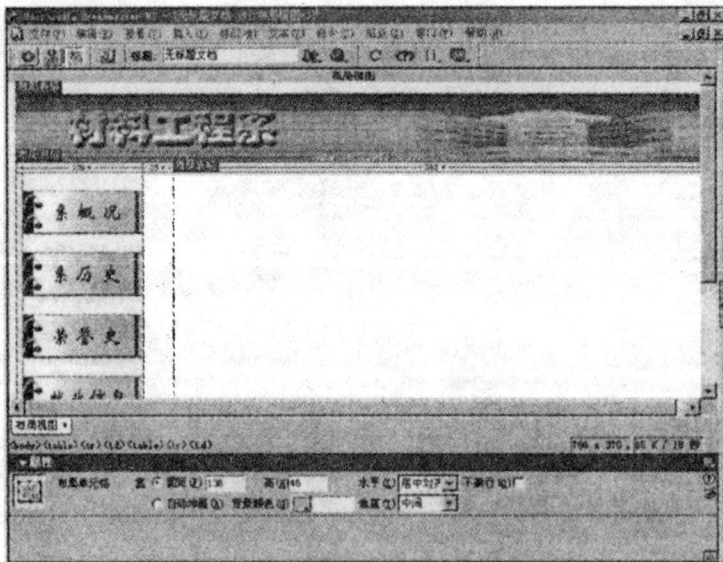

图4-40 导航栏设置完成

(12)上面布局单元格宽度82像素，高度为50像素，下面布局单元格宽度582像素，高度为382像素，如图4-41所示。

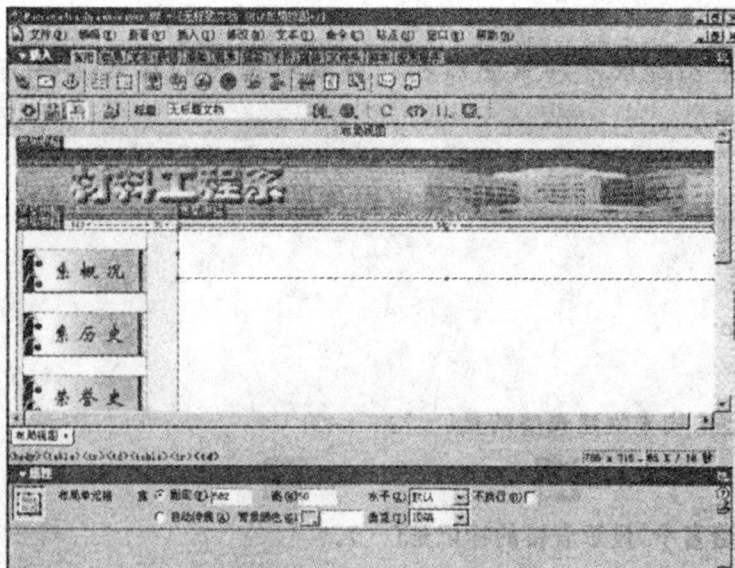

图4-41　绘制布局单元格

(13)填充布局单元格的内容。将文字输入到两个布局单元格中，如图4-42所示。

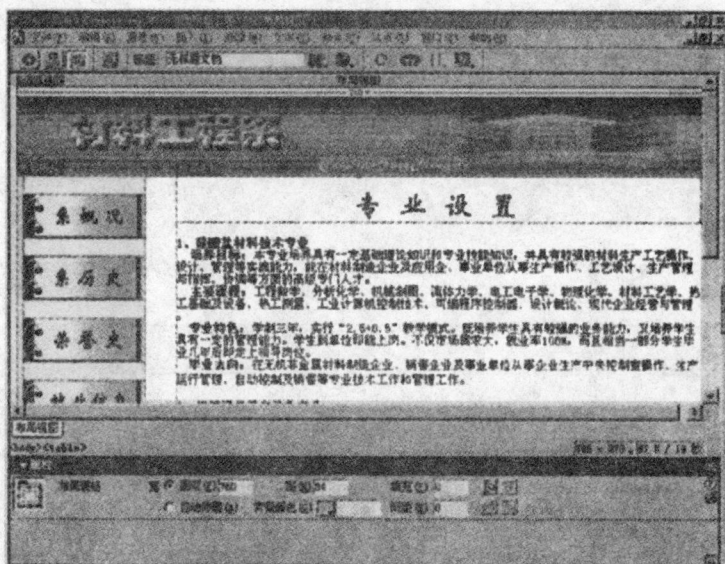

图4-42　插入单元格文字内容

(14)至此布局页面设置完成。按下F12键，在浏览器中预览。

习题与思考题

1.选择题。

(1)在Dreamweaver MX中，通常用(　　　)来排版。

A．框架　　　　　　B．表格　　　　　　C．模板　　　　　　D．表单

(2)下列按钮中用来创建表格的是(　　)。

A.　　　　　　　B.　　　　　　　C.　　　　　　　D.

(3)HTML语言中，显示表格的标记是(　　)。

A．〈table〉和〈/table〉　　　　　　B．〈body〉和〈/table〉

C．〈/body〉和〈/table〉　　　　　　D．〈/table〉和〈bodY〉

(4)要在一个表格中选择多个连续的单元格，应按(　　)键，然后单击要选择的单元格。

A．Alt　　　　　　B．Shift　　　　　　C．Table　　　　　　D．Ctrl

(5)在布局表格"属性"面板上，█按钮的作用是(　　)。

A．删除所有的间隔图像　　　　　　B．删除嵌套表格

C．使单元格宽度一致　　　　　　　D．清除单元格的高度

2.回答下列问题.

(1)表格在网页设计中的作用是什么?

(2)在标准视图下，如何创建表格?

(3)表格属性包括哪些?如何设置?

(4)布局表格的作用是什么?

(5)绘制布局单元格的两个条件是什么?

3.请参照本章的应用实例，制作一个类似的页面。

4.制作如图4-43所示的表格。

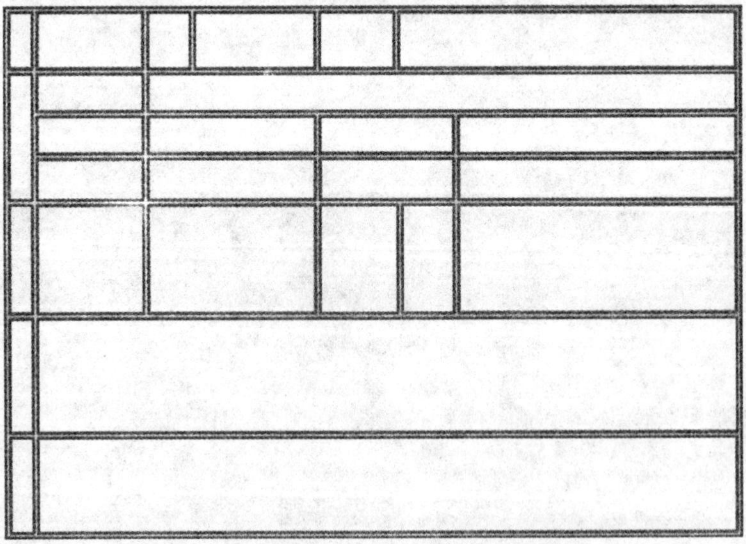

图4-43　制作表格

项目五　制作个人网站

【项目提要】

个人网站是指以展示个人的作品、商品为主，具有独立空间域名的网站，如博客、个人论坛和个人主页等。

本项目将学习使用AP元素和Spry框架制作一个个人网站，重点是首页和"关于自己"子页的制作，读者可自行制作其他子页。

网站名称：

个人网站

项目描述：

使用AP元素和Spry框架制作个人网站的首页面和"关于自己""我的作品"子页面。

项目分析：

※ 个人网站更多的是体现网站主人的兴趣爱好，在崇尚个性的今天，个人网站可以有多种风格，或热烈绚丽，或严谨简约，或充满纯真童趣。内容选择方面更是多种多样，但一般会紧紧围绕着自己的兴趣或特长进行设计。当然，如果没有专业美术设计方面的知识，建议尽量将网站设计得简洁一些，以避免色彩和内容看起来杂乱。

※ 本项目设计的个人网站主要包括"关于自己""心情日记""音乐盒子"和"我的作品"4个栏目。在"心情日记"下，还可包含"青春小语""点滴人生""百味小品"等子栏目。

※ 本项目使用AP元素和Spry框架进行制作，这是网页设计中的两个特殊功能，AP元素可以用于网页布局，Spry框架则可以用于创建菜单栏、选项卡式面板和折叠式显示菜单。使用它们可以制作出一些意想不到的效果。

项目实施过程：

在主页中插入AP元素，制作主页面的蓝色背景图，然后使用Spry菜单栏制作一个垂直的导航菜单；在"关于自己"子页中，利用Spry选项卡式面板制作一个用选项卡分类的个人简介，使用Spry可折叠面板制作一个包含二级栏目的导航栏；最后，在"我的作品"子页中，利用AP元素制作一个简单的动画。

项目最终效果：

项目最终效果如图5-1所示。

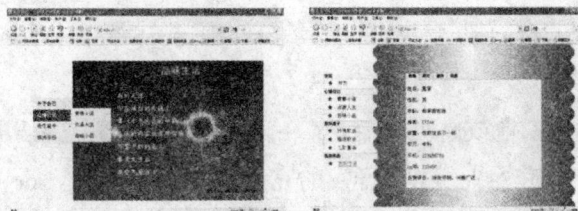

图5-1　网站首页效果

任务一　制作网站的首页

事实上，用户可以在网页上随意创建和定位AP元素，还可以创建嵌套样式的AP元素。本项目将对AP元素和Spry框架进行详细讲解，并利用它们制作一个简单的个人网页。

一、 认识AP元素和Spry框架

Dreamweaver CS4中提供了AP元素(即层)和Spry框架两个制作网页的特殊功能。虽然并不是所有网页制作都必须用到这两个对象，但如果掌握了这两个对象的使用，却可以制作出一些意想不到的效果。AP元素和Spry框架是网页布局中的特殊制作方式，也是制作重叠网页内容的有效方法。

1.AP元素

AP元素(绝对定位元素)是分配有绝对位置的：HTML页面元素，具体地说，就是<div>标签或其他任何标签。AP元素内可以包含文本、图像或其他任何可放置到HTML文档正文中的内容，其在网页上的位置是不受限制的，可以放置在页面的任意位置。多个AP元素在排列时可以重叠、任意改变前后位置或设置显示与隐藏。

在Dreamweaver CS4中，用AP元素来设计页面的布局时，可以将AP元素放置到其他AP元素前后；隐藏或显示指定的AP元素而不影响其他AP元素；可以在屏幕上移动AP元素；还可以在一个AP元素中放置背景图像，然后在该AP元素的前面放置另一个包含带有透明背景的文本的AP元素。

AP元素通常是绝对定位的<div>标签，它们是Dreamweaver在默认情况下插入的各类AP元素。所以可以将任何HTML元素(例如，一个图像)作为AP元素进行分类，方法是为其分配一个绝对位置。所有AP元素(不仅仅是绝对定位的<div>标签)都将在"AP元素"面板中显示。

2.Spry框架

Spry框架是一个JavaScript库，可用于构建能够向站点访问者提供更丰富体验的Web页。有了Spry，就可以使用HTML、CSS和极少量的JavaScript将XML数据合并到HTML文档中，创建构件(如折叠构件和菜单栏)，向各种页面元素中添加不同的效果。在设计上，Spry框架的标记非常简单且便于那些具有HTML、CSS和JavaScript基础知识的用户使用。

Spry框架主要面向专业或高级非专业Web设计人员。尽管它可以与其他企业级页面一起使用，但不适于用作企业级Web开发的完整Web应用框架。Spry框架可以使用XML和JSON两种格式的数据源。

二、规划网站的结构

个人网站主要是根据个人的兴趣和爱好制作的，因此规划出网站的结构如图5-2所示。

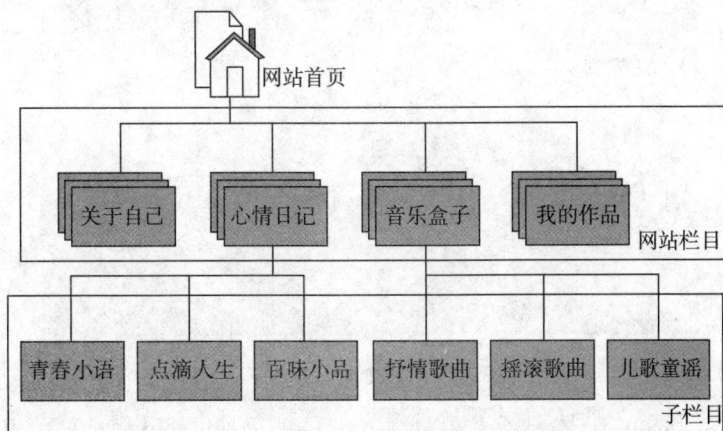

图5-2　网站栏目结构

三、插入和设置AP元素

创建一个站点，并在该站点下新建一个文件夹image，然后将素材文件夹中的图片复制到该文件夹中。新建一个：index.html网页作为首页。

下面来制作首页面上右边的图片和文字，其操作步骤如下。

（1）单击"插入"面板"布局"选项组中的"绘制APDiv"按钮，当光标变成十字形时，在网页上绘制APDiv，释放鼠标，AP元素范围即出现在网页上，如图5-3所示。

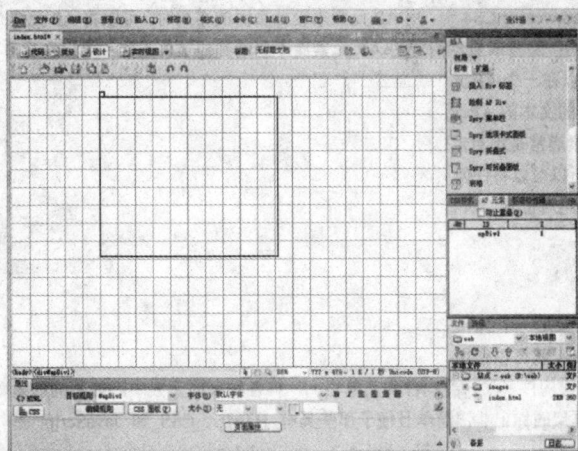

图5-3　绘制AP Div

（2）选择"插入"→"APDiv"命令，光标所在处会自动出现一个系统默认大小的APDiv。

选择"编辑"→"首选参数"命令，打开"首选参数"对话框，在左侧"分类"列表中选择"AP元素"选项，即可在右侧进行首选参数的设置，如图5-4所示。"首选参数"对话框中各选项的含义如下。

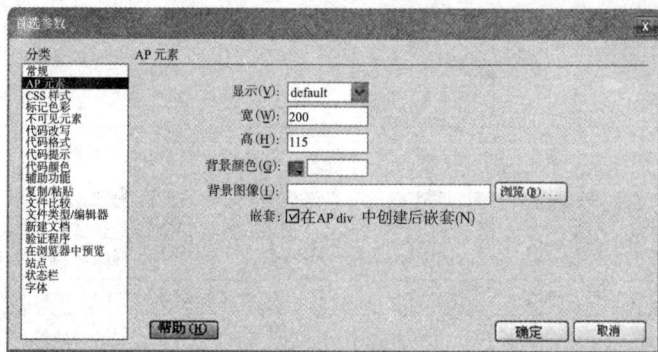

图5-4 "首选参数"对话框

※ 显示：确定在默认情况下是否可见，选项包括default(默认)、inherit(继承)、visible(可见)和hidden(隐藏)。

※ 宽、高：指定使用菜单命令插入AP元素时的默认宽度和高度(以像素为单位)。

※ 背景颜色：指定一种默认背景色。

※ 背景图像：通过"浏览"按钮指定默认背景图像。

※ 嵌套：绘制AP元素后是否可以嵌套到已有的AP元素中。

（3）插入AP元素后，还需要设置其宽、高、背景颜色等属性，使其达到网页浏览的基本要求。首先选中绘制好的AP元素，这里可以通过单击AP元素的边框来选中AP元素，如图5-5所示。

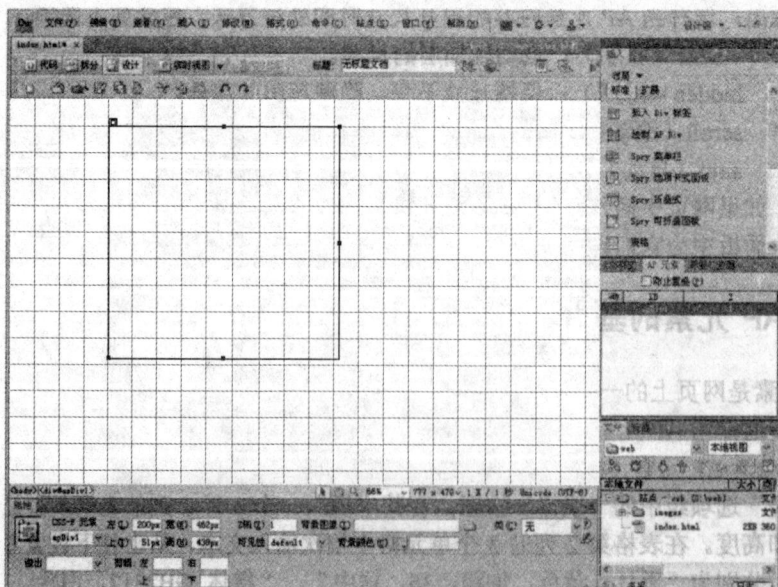

图5-5 选中AP元素

（4）在"属性"面板中设置各项参数。单击"背景图像"文本框后的浏览文件按钮 ，选择素材中的blue.jpg文件，如图5-6所示。

图5-6　"属性"面板

"属性"面板中各选项的含义如下。

※　CSS-P元素：编辑当前AP元素的名称。

※　左、上：设置AP元素相对于页面或其父层左上角的位置。

※　宽、高：设置AP元素的高度和宽度。

※　Z轴：设置AP元素的层次。

※　可见性：设置AP元素的可见性，包含如下选项。

default：不指明AP元素的可见性，但大多数浏览器都会继承该AP元素的父级AP元素的可见性。

inherit(继承)：继承AP元素父级层的可见性。

visible(显示)：显示AP元素及其包含的内容，无论其父级AP元素是否可见。

hidden(隐藏)：隐藏AP元素及其包含的内容，无论其父级AP元素是否可见。

※　背景颜色：指定一种默认背景色。

※　背景图像：指定默认背景图像。

※　类：选择已经设置好的CSS样式或新建CSS样式。

※　溢出：选择当AP元素内容超出其尺寸时的处理方法，包含如下选项。

visible(显示)：自动增加层的尺寸。

※　hidden(隐藏)：保持尺寸不变，隐藏超出的部分。

scroll(滚动条)：无论是否超出，都自动添加滚动条。

※　auto(自动)：超出时，自动添加滚动条。

另外，如果网页中插入了多个AP元素，且其属性相同，则可同时选中多个AP元素，在"属性"面板中为它们设置相同的属性。

四、　AP元素的基本操作方法

AP元素是网页上的一种容器，所以图像、文本、表单和表格等对象都可以插入到AP元素中。下面介绍AP元素的具体操作方法，并调整其大小和位置。

（1）激活AP元素(将光标插入AP元素内，可向其中插入内容)，然后单击"插入"面板"布局"选项组中的"表格"按钮，在其中插入一个3行2列的表格，并适当调整表格的宽度和高度。在表格第2列的3个单元格中依次输入文本，从上往下设置单元格中文本的格式，分别为"黑体，黄色，加粗，36，居中""楷体_GB2312，白色，加粗，24，左对齐"和"宋体，黑色，12，右对齐"。设置好的页面如图5-7所示。

图5-7　在AP元素中插入表格

（2）选择"查看"→"缩小"命令，进行整体查看。如果AP元素的大小仍不合适，可以重新选中AP元素(单击其边框)，在出现6个控制点后，继续调整其大小和位置。调整完毕后的最终效果如图5-8所示。

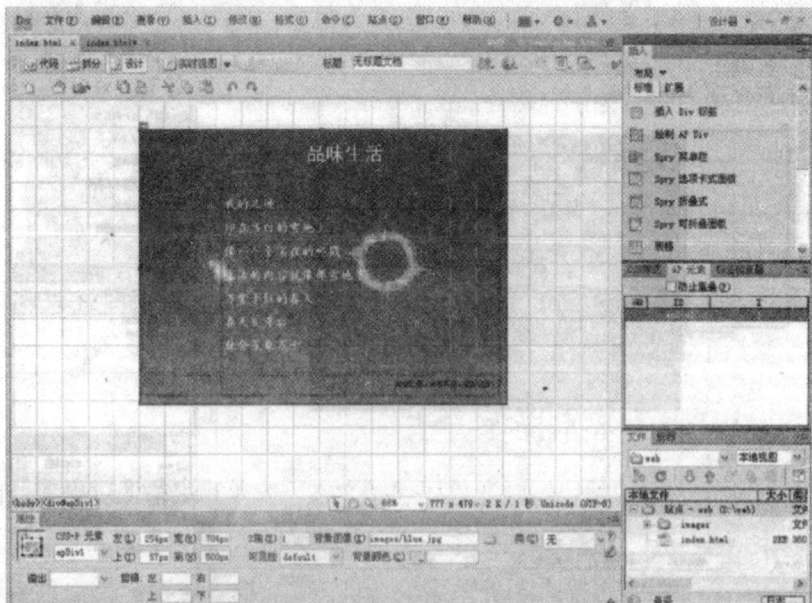

图5-8　调整AP元素的大小和位置

由上可知，AP元素的基本操作主要有以下3种。

※　激活AP元素：将光标插入AP元素内，此时可向其中插入内容。

※　修改AP元素大小：有两种方法，一是单击AP元素的边框，待出现6个控制点后，用鼠标拖动控制点进行调整；二是在"属性"面板中直接设置AP元素的宽、高值。

※　移动对齐AP元素：有3种方法，一是拖动AP元素左上角的手柄进行对齐调整；二是单击AP元素边框后，用键盘上的方向键进行移动调整；三是按住Shift键的同时，选中多个AP元素，然后使用"修改"→"排列顺序"命令调整各AP元素的位置。

五、制作Spry菜单栏

在网站的首页上，经常要使用菜单栏进行网页的链接，因此需要在首页上制作菜单栏及与首页链接的网页，另外还需要利用网页制作工具对网页进行进一步的加工处理。Spry是网页制作中的一个特殊功能，作用强大，利用Spry可以为网页增加交互功能和各种样式。在Dreamweaver CS4中，提供了"Spry菜单栏""Spry选项卡式面板""Spry折叠式"和"Spry可折叠面板"4种Spry功能。

【注意】包含有Spry的网页在保存时，Dreamweaver系统会自动生成脚本文件和CSS样式文件，并保存至自动创建的文件夹Spry Assets中，所以会弹出"复制相关文件"的对话框，用户只需单击"确定"按钮即可。

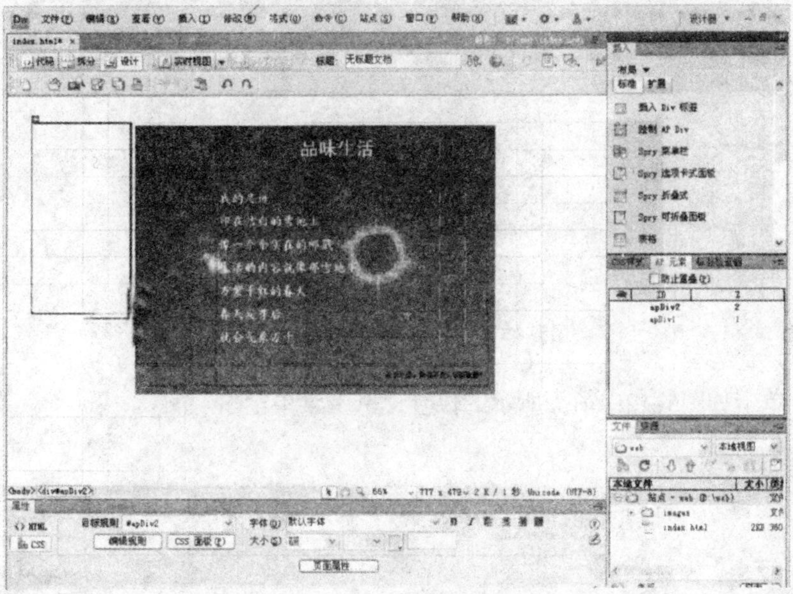

图5-9　在指定位置绘制AP元素

使用Spry制作菜单栏相当方便和快捷，在项目6中已经有过介绍，下面来简单介绍关于Spry的基本操作。

（1）打开网页index．html，再在左侧绘制一个AP元素，并将光标插入其中，如图5-9所示。

（2）单击"插入"面板"布局"选项组中的"Spry菜单栏"按钮 ，打开"Spry菜单栏"对话框。这里选中"垂直"单选按钮，设置spry菜单栏的样式为垂直方向，如图5-10所示。

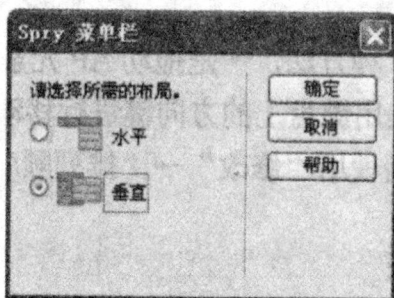

图5-10　"Spry菜单栏"对话框

（3）单击"确定"按钮，即可在AP元素中插入一个垂直的Spry菜单栏。选择"查看"→"缩放比例"→"100%"命令，恢复显示比例，如图5—11所示。

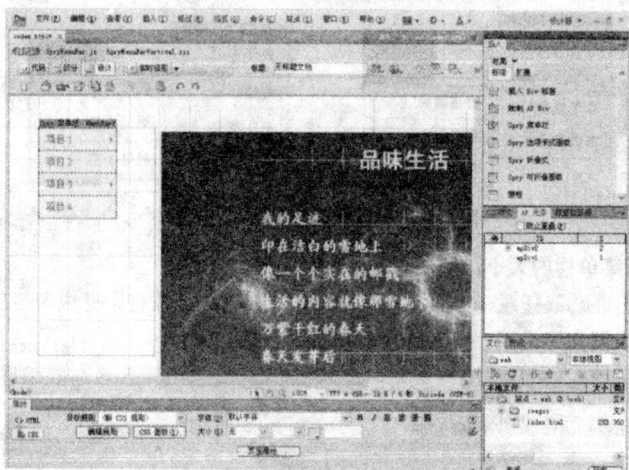

图5-11　在AP元素中插入Spry菜单栏

（5）单击如图5-12中箭头所示的位置，选中菜单栏。

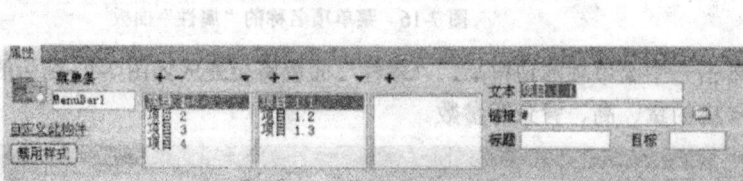

图5-12　选择菜单栏　　　　　图5-13　Spry菜单栏"属性"面板

（5）在打开的"属性"面板中进行菜单项和子菜单个数的设置，如图5-13所示。

按钮▣表示添加某个菜单项；按钮▬表示删除某个菜单项；按钮▲表示上移一个菜单项；按钮▼表示下移一个菜单项。这里，删除项目1和项目4中的子菜单项，在项目2和项目3中分别添加3个子菜单项。

（6）修改菜单项的名称。修改主菜单项的名称时，可以直接选中文本，输入正确的名称即可；修改子菜单项的名称时，需要在"属性"面板中单击子菜单项(如图5-14所示)，待出现子菜单栏后，再选中文本进行输入。修改名称后的菜单项如图5-15所示。

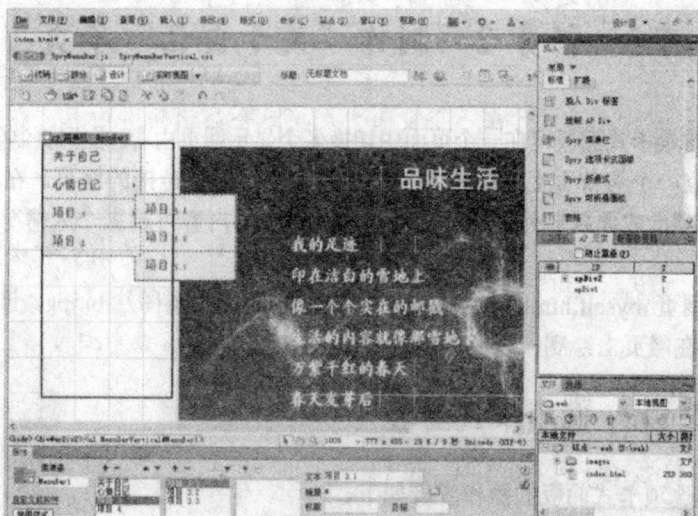

图5-14 在"属性"面板上选择菜单项

图5-15 主菜单项和子菜单项的名称

（7）根据菜单栏的大小，调整AP元素的大小和位置。另外，单击或选取任意一个菜单项名称后，"属性"面板将会变成如图5-16所示的状态，可在其中设置文字格式、与之链接的网页等参数。

图5-16 菜单项名称的"属性"面板

单击一个菜单项的边框后，"属性"面板将会变成如图5-17所示的状态，可在其中设置菜单栏的宽、高、背景等参数。

图5-17　菜单栏名称的"属性"面板

任务二　制作"关于自己"子页

使用Spry选项卡式面板可在一个页面中切换多个显示网页内容，在网页制作中应用普遍。

下面将建立一个与首页上菜单栏中"关于自己"菜单项链接的网页。在该网页上，我们使用Spry选项卡式面板制作一个个人简介，简介中的内容可根据个人情况改动，也可参照实例制作。

新建一个网页myself.html，并设置其页面属性，添加背景图片bj.jpg，设置"重复"为repeat，然后在网页上绘制一个AP元素。

一、制作Spry选项卡式面板

制作Spy选项卡式面板的操作步骤如下。

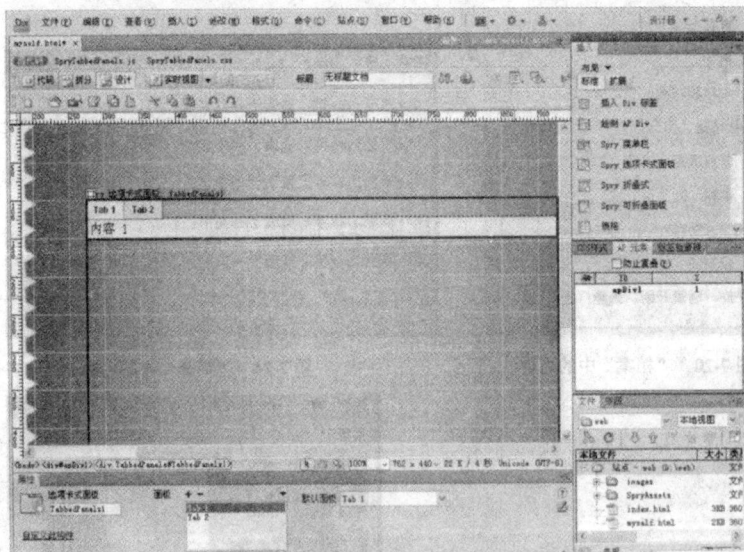

图5-18　插入Spry选项卡式面板

（1）将光标定位到AP元素中，单击"插入"面板"布局"选项组中的"Spry，选项卡式面板"按钮 ，将选项卡式面板插入到AP元素内部，如图5-18所示。

（2）默认情况下，插入的选项卡项目较少，如要增加选项卡数目，只需在下面的"属性"面板中单击 ✚ 按钮。这里单击两次 ✚ 按钮，添加两个选项卡。

（3）将光标插入到Spry选项卡式面板内，然后单击状态栏中的 `<li.TabbedPanelsTab>` 按钮，打开"属性"面板(如图5-19所示)，然后根据个人喜好设置基本属性。

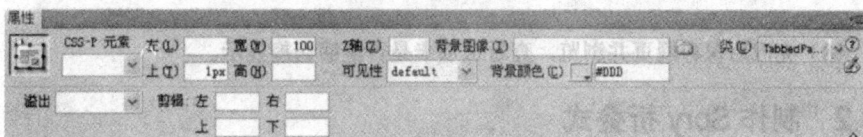

图5-19　样式"属性"面板

（4）选中Tab1选项卡，将其名称修改为"档案"，然后在下方的"内容1"文本框中输入内容，效果如图5-20所示。

（5）选中Tab2选项卡，将其名称修改为"简介"，然后单击 ▪ 按钮，切换到第2个选项卡内，在"内容2"中输入具体内容，如图5-21所示。

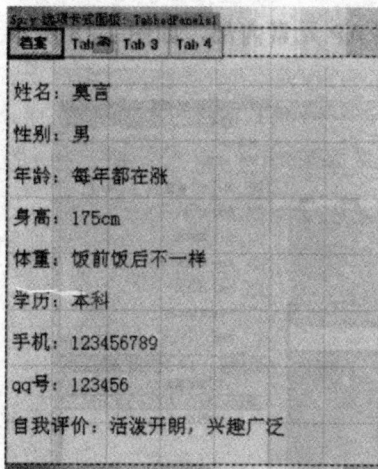

图5-20　"档案"中的内容

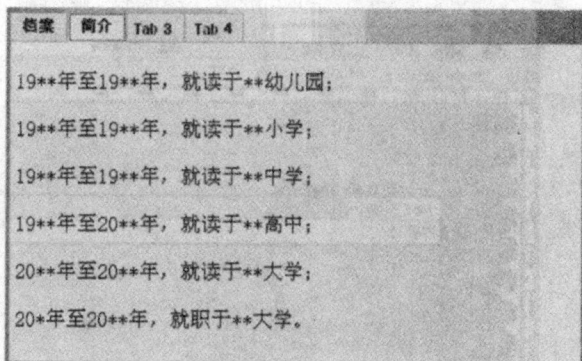

图5-21　"简介"中的内容

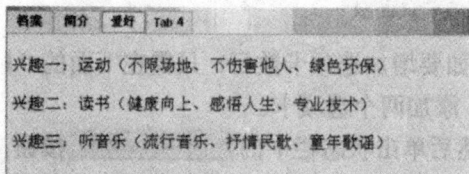

图5-22　"爱好"中的内容

图5-23　"相册"中的内容

（6）选中Tab3选项卡，将其名称修改为"爱好"，单击 ▪ 按钮，切换到第3个选

117

项卡内，在"内容3"中输入具体内容，如图5-22所示。

（7）选中Tab4选项卡，将其名称修改为"相册"，单击▇按钮，切换到第4个选项卡内，在"内容4"中输入具体内容，并插入素材文件中的图片photo1.jpg和photo2.jpg，如图5-23所示。

（8）完成后保存网页并浏览，查看选项卡是否能够切换显示。

二、制作Spry折叠式

Spry折叠式显示的效果是在单击某个选项后，该选项就会打开或隐藏，其样式和经常使用的QQ面板类似，在网页中显示的效果非常好。

Spry折叠式有spry折叠式和Spry可折叠面板两种，在插入和设置上基本相同，唯一不同的是Spry，可折叠面板在显示时，所有标签内容都可以折叠起来；而Spry折叠式在显示时，必须有一个是打开 并显示的。

下面制作Spry可折叠式面板，通过它可以从"关于自己"子页链接到首页和其他页面上，具体操作步骤如下。

（1）打开网页myself.html，在网页左侧绘制一个AP元素，并将光标插入其中。

（2）单击"插入"面板"布局"选项组中的"Spry可折叠面板"按钮▇▇▇▇▇，将折叠式项目插入AP元素中，如图5-24所示。

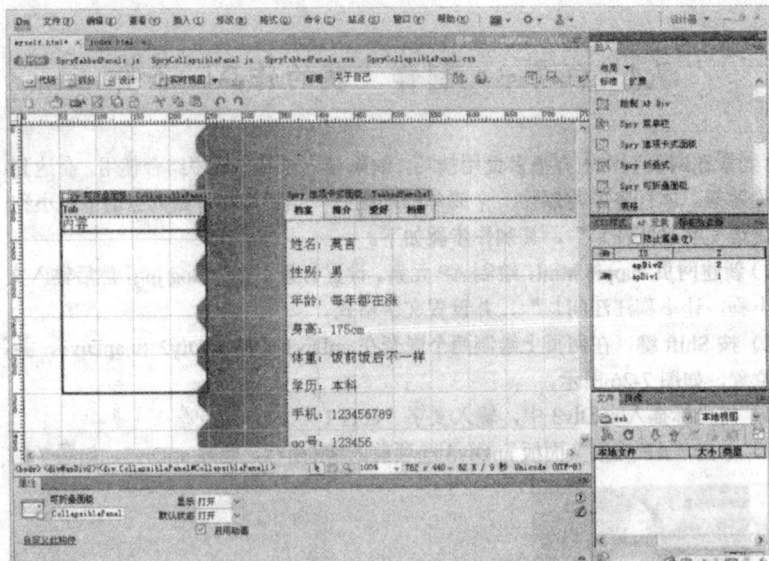

图5-24 在AP元素中插入Spry可折叠式面板

（3）单击Spry折叠面板中的Tab选项卡，将其名称修改为"首页"，然后删除文本"内容"，插入一个1行2列的表格，调整后输入内容。

（4）再次单击"Spry可折叠面板"按钮，插入第2个Spry可折叠面板，单击Tab选项卡，将其名称修改为"心情日记"。然后单击▇按钮，删除文本"内容2"，并插入一个3行2列的表格，调整后输入内容。

（5）使用同样的方法，插入第3个和第4个Spry可折叠面板，如图5-25所示。

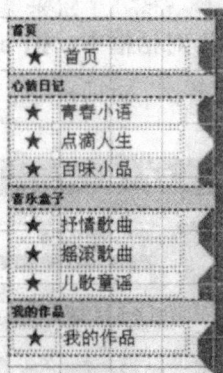

图5-25　4个Spry可折叠面板的内容设置

（6）设置链接。这里先设置首页和"我的作品"子页的链接，其他链接可以在做好相应网页后自行链接。设置完后保存并浏览，效果如图5-1右图所示。

"Spry折叠式"在插入和设置上与"Spry可折叠面板"基本相同，这里不再赘述。

任务三　制作"我的作品"子页

AP元素在网页制作中有很多使用技巧，如果与一些脚本程序结合使用，会达到意想不到的动画效果。本任务中将制作一个简单的动画——当鼠标指针指向页面中的小狗时，图片上会出现文字"汪汪!"，其制作步骤如下。

（1）新建网页zuopin.html，绘制AP元素，设置背景图像为dog.jpg，然后输入文字"鼠标指向小狗，让小狗汪汪叫!"，并设置文字格式。

（2）按Shift键，在网页上绘制两个嵌套在apDiv1中的apDiv2和apDiv3，并调整其大小和位置，如图5-26所示。

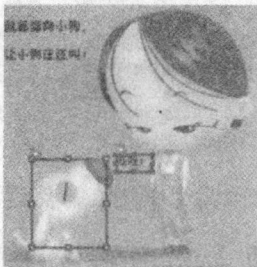

图5-26　绘制两个嵌套AP元素　　　　图5-27　在"AP元素"面板中隐藏显示

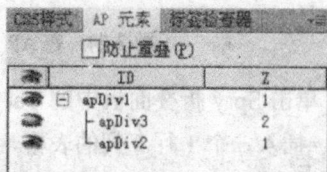

（3）将光标插入apDiv3中，输入文字"汪汪!"。

（4）单击"AP元素"面板apDiv3选项前的 图标，隐藏apDiv3，如图5-27所示。

（5）单击选中apDiv3，打开"标签检查器"面板，单击"行为"按钮，打开"行为"面板，单击"添加行为"按钮，在其下拉菜单中选择"显示-隐藏元素"命令，如图5-28所示。

（6）在打开的"显示—隐藏元素"对话框中，把apDiv3设置为"显示"，如图5-29所示。

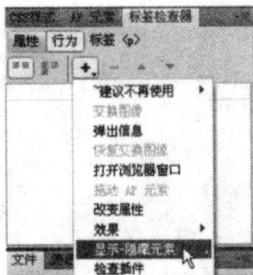

图5-28 选择"显示—隐藏元素"命令

图5-29 设置元素的显示和隐藏

（7）单击"确定"按钮，返回"行为"面板，在下拉列表中选择onMouseOver选项，设置当鼠标指针移至apDiv3时的行为事件，如图5-30所示。

（8）再次单击"添加行为"按钮，在其下拉菜单中选择"显示-隐藏元素"命令，在打开的对话框中，把apDiv3设置为"隐藏"。单击"确定"按钮，在"行为"面板的下拉列表中选择onMouseOver选项，设置当鼠标指针从apDiv3移开时的行为事件。

【注意】在行为事件中，onMouseOver 表示鼠标指针移到文字或AP元素上时发生的事件；onMoudeOut 表示鼠标指针移出文字或AP元素时发生的事件。

最后，根据前文介绍的方法，制作如图5-31所示的折叠面板。

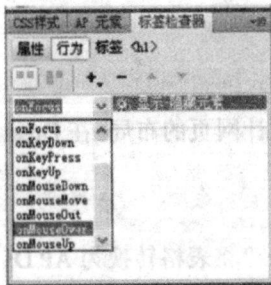

图5-30 选择onMouseOver事件

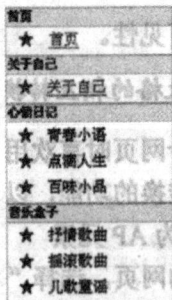

图5-31 "我的作品"子页中的折叠面板

任务四　AP元素的其他应用（知识链接）

AP元素除了本项目中介绍的用法之外，还有以下应用。

一、嵌入式AP元素的创建

嵌入式的AP Div就是指在原有的AP元素中插入一个或多个AP元素，步骤如下。

（1）设置首选参数。选择"编辑"→"首选参数"命令，打开"首选参数"对话框在左侧的"分类"列表中选择"AP元素"选项，在右侧选中"在AP Div中创建以后嵌套"复选框，然后单击"确定"按钮。

（2）绘制一个AP元素apDiv1，然后将光标定位在该AP元素中，并在其中绘制第2个AP元素apDiv2，即可嵌入前一个AP元素apDivl中。为了比较，我们两绘制两个独立的AP元素apDiv3和apDiv4，在"AP元素"面板中，4个AP元素的关系如图5-32所示。

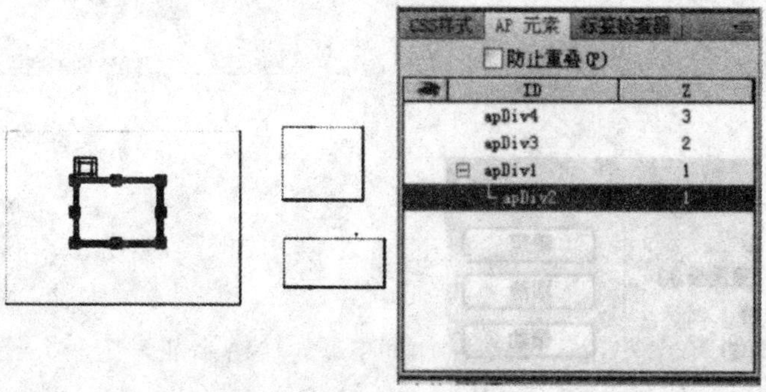

图5-32　绘制嵌套的AP Div

嵌套的AP Div包含在另一个AP Div的标签内，4个AP元素嵌套和未嵌套的AP Div代码如下：

<div id=″apDiv1″>

<div id=″apDiv2″></div>

</div>

<div id=″apDiv3″></div>

<div id=″apDiv4″></div>

嵌套通常用于将AP Div组合在一起，嵌套AP Div随其父AP Div一起移动，并可以设置为继承其父级的可见性。

二、AP元素和表格的相互转换

许多用户在设计网页时喜欢用AP元素和表格来设计网页的布局，在Dreamweaver CS4中提供有两者相互转换的功能，以方便用户使用。

1. 表格转换为AP元素

打开带有表格的网页，选择"修改"→"转换"→"将表格转换为AP Div"，命令，打开"将表格转换为AP Div"对话框，如图5-33所示，其中各选项的含义如下。

※"防止重叠"复选框：防止转化后的AP元素发生重叠。

※ "显示AP元素面板"复选框：表格转换成AP元素后显示层浮动面板。

※ "显示网格"复选框：表格转换成AP元素后显示栅格线。

※ "靠齐到网格"复选框：表格转换成AP元素后启动栅格吸附功能。

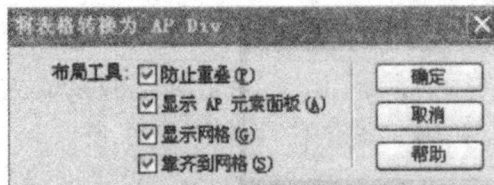

图5-33 "将表格转换为AP Div"对话框   图5-34 "将AP Div转换为表格"对话框

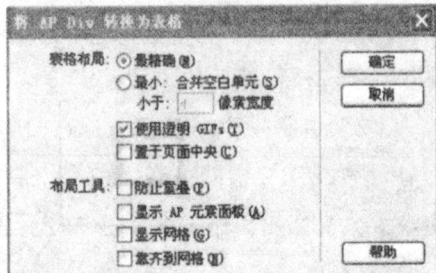

2. AP元素转换为表格

在网页上绘制若干个AP元素后，选择"修改"→"转换"→"将AP Div转换为表格"命令，打开"将AP Div转换为表格"对话框，如图5-34所示，其中各选项的含义如下。

※ "最精确"单选按钮：以最精确的方式为表格添加一个单元格，并添加一些额外的单元格来保证相邻两个AP元素之间的距离。

※ "最小：合并空白单元格"单选按钮，转换成单元格最少的表格，可设置像素，不建议使用。

※ "使用透明"复选框：设置能否使用GIF图像来填充表格的最后一行，以确保表格在所有的浏览器中列宽相同。选中此复选框后，不能再编辑最终表格的位置。

※ "置于页面中央"复选框：取消选中，表格将位于页面左侧。

任务五　个人网站的设计要点

一、个人网站的设计原则

设计个人网站时要遵循以下原则。

1. 网页内容要易读

一个网页要实现易读，首先要使文字和网页的背景色搭配协调，背景色不能冲淡文字的视觉效果。一般来说，浅色的背景搭配深色的文字，会给人清晰的感觉。切记，不要使用过多的色彩组合。

另外，要合理设置文字的大小，使整个页面既能提供足够的信息量，又方便浏览者阅读。一般情况下，可将字体大小设置为12像素。文本格式则统一为左对齐，标题选择居中以符合大部分用户的浏览习惯。

2. 网站导航要清晰

所有超链接有导航性质的设置(如图像按钮)都要有清晰的标识，文本链接一定要和页面的其他文字有所区别，以给读者清楚的导向。

3. 网页风格要统一

网页上所有的图像和文字，如背景色、区分线、字体与标题格式、注脚等，要采用同一种风格，并贯穿全站。这样，浏览起来会很舒服，并给人一种"专业"的印象。

4. 页面容量要较小

当用户进入一个网站时，如果页面主体在15秒之内显现不出来，访客便会很快对该网站失去兴趣。也就是说，如果网站打开缓慢或操作不便捷，这个网站的设计就是失败的。所以，要限定页面的大小，从各个角度考虑节省。

5. 页面内容要新颖

网页内容的选择要不落俗套，重点突出新颖和创意，切忌压缩容量，内容包罗万象，题材却千篇一律。所以，在设计网页时，选材要尽量做到少而精，又必须突出新，这样的网页才会受欢迎。

二、个人网站设计的注意事项

设计个人网站时要注意以下事项。

1. 注意视觉效果

设计Web页面时，要分别在不同的分辨率下预览效果。尽管在高分辨率下一些Web页面看上去很具吸引力，但切换到低模式后，可能会有些黯然失色。因此，设计一个在不同分辨率下都能正常显示的网页是非常必要的。

2. 考虑浏览器的兼容性

IE浏览器所占的市场份额非常大，但作为一个设计者，仍需要考虑到使用傲游、火狐、腾讯TT等浏览器的用户。要时刻为用户着想，至少在几种不同类型的浏览器下测试网站，以得知网页的兼容性情况。

3. 注意网站的升级

网站建设完毕后，要时刻注意网站的运行状况。即便是性能较好的主机，也会随着访问人数的增加而变得运行缓慢。因此，一定要做好升级计划。

4. 为图片增加注释文字

为每个图片添加文字说明，这样，在图片出现之前，用户就可以由注释文字了解到即将打开的图片的相关内容。尤其在制作导航按钮和大图片时，更应该如此。

5. 少用特殊字体

虽然在HTML中可以使用特殊字体，但有时却很难预测其在访问者计算机上的显示效果，因此，要尽可能少用特殊字体。

6. 最多只用一个动画

很多初学者都喜欢用GIF动画来装饰网页，以使页面看起来更灵动。但动画的使用有一个原则，即"能不用时就不用"。因为同样尺寸的Logo，GIF动画的大小一般为5k，而静止Logo的大小则一般只有3k，虽然只是2k之差，但当这样的图片较多时，就会对用户打开页面时的下载速度有很大的影响。因此必须牢记，如果不是必须使用动画，就尽可能选择最小、最节省空间的图画格式。

7. 每个页面都要有导航按钮

每个页面都应该有足够清晰和便捷的导航按钮，使用户能够快速找到自己需要的信息。切记不要强迫用户使用工具栏中的向前和向后按钮。最好是在每个页面的同一位置设置相同的导航条，使浏览者能够从当前页访问网站的任何其他部分。

8. 最好不用计数器

计数器也是由程序设计的，因此显示计数器的过程其实就是执行一个程序的过程，也需要占用用户宝贵的上网时间。而且，大多数浏览者认为计数器毫无意义，因此，尽量不要在自己的网站上放置计数器。

9. 使用常见的插件

如果网页上提供有在线播放音频或视频的功能，则应保证使用的是一些常规的插件，即保证大多数用户计算机上已经安装了该播放插件，能即时播放网页提供的音频或视频。

10. 使网站具有交互功能

静态网页会给人一种呆板的感觉，缺少活力和生气。因此，最好能在网站上提供一些具有交互性能的设计，如在线小测试等，以使访问者具有一种参与网络建设的新鲜感和成就感。

习题与思考题

1.完善本项目中的网站，制作"心情日记"子页，将自己喜欢的文章分别放在"青春小语""点滴人生"和"百味小品"3个子板块下，并设置好相关链接。"青春小语"子页的参考图如图5-35和图5-36所示，也可根据自己的喜好调整其中的内容。

2.制作"音乐盒子"子页，将自己喜欢的音乐分类存放于"抒情歌曲""摇滚歌曲"和"儿歌童谣"子板块下，并设置好相关链接。

设计要求：网页的风格要和网站的整体风格保持一致，内容要健康积极。

3.综合前面所学内容，进一步丰富网站内容，可适当添加动画和交互功能。

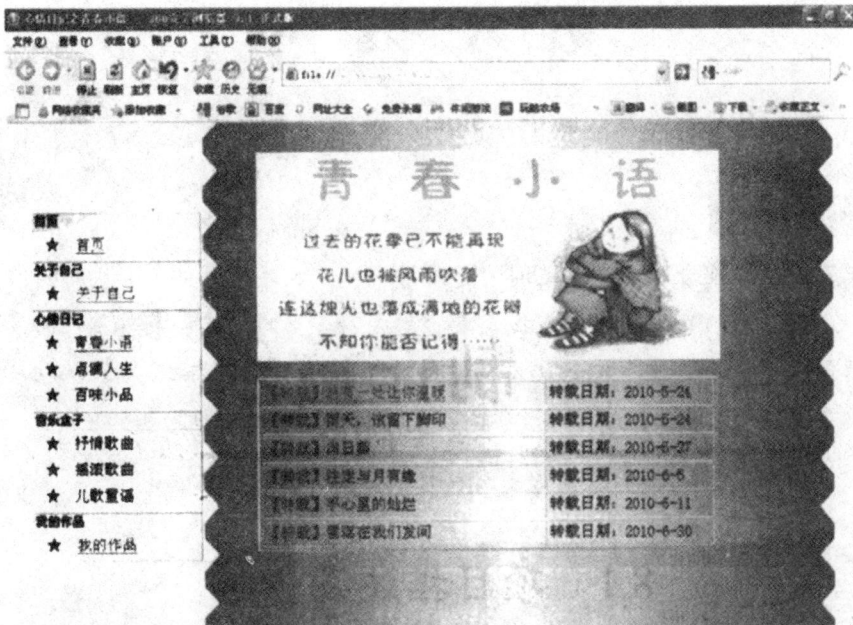

图5-35　"青春小语"子页的参考图

图5-36　"青春小语"下级子页的参考图

项目六　表　单

【项目提要】

　　表单是网站管理者与浏览者之间沟通的桥梁，是收集用户信息和进行网络调查的主要途径。通过本项目的学习应掌握表单的构成、表单的创建、表单属性的设置、表单元素的创建及属性设置、插入文本框、插入复选框与单选按钮、插入按钮、插入列表与菜单及操作方法等内容。并通过实例，使大家加深了对表单功能的理解。

任务一　创建表单

一、表单的作用

　　怎样了解用户的需求?怎样增加网站与浏览者的交流?这些问题都可以利用表单解决。表单架设了网站管理员和用户之间沟通的桥梁。例如，在线调查问卷、在线申请、在线购物等。一个好的网站要具有良好的交互性和易操作性，重要的是要设计出简洁明了的表单页面。

　　表单实例如图6-1所示。

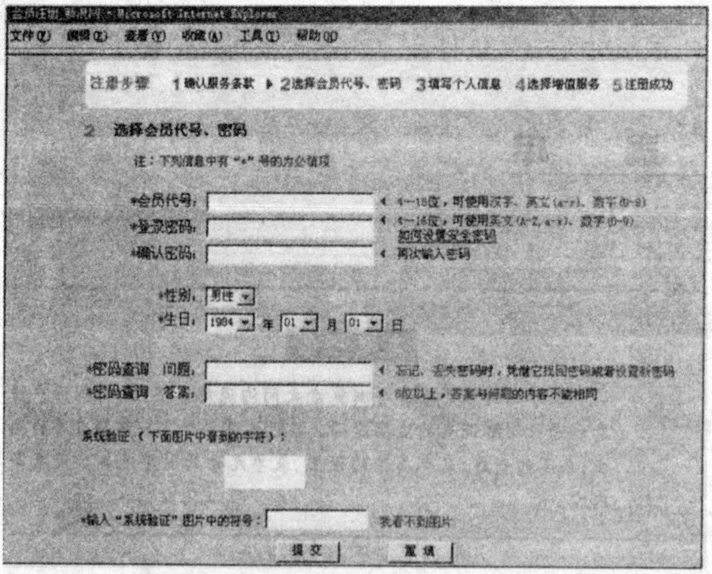

图6-1　表单实例

二、表单的构成

表单有两个重要组成部分，分别为：描述表单的HTML源代码和用于处理用户在表单域中输入信息的服务器端应用程序或者客户端脚本，如CGI、ASP、PHP等。当用户在表单中完成各项信息的输入后，单击 提交 按钮，通过服务器端的表单处理应用程序(CGI表单处理程序)或者是客户端的脚本程序(ASP、PHP)，将信息反馈到服务器端，并被转换为可以识别的数据，存放到数据库中或者被网站管理员使用。

三、用<form>标记定义表单体

在互联网上浏览网页时，单击鼠标右键，选择"查看源文件"命令，体会网页上表单的HTML代码描述。

在Dreamweaver MX中，可以单击 按钮查看页面的HTML代码，如图6-2所示。HTML中表单的标记是：

〈form〉……〈/form〉

在〈form〉和〈/form〉之间可以插入下面这些元素。

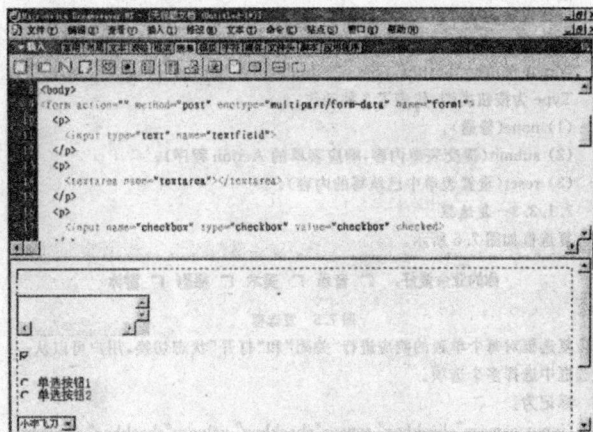

图6-2　页面的HTML代码

1.文本框

文本框包括三种类型，显示效果如图6-3所示。

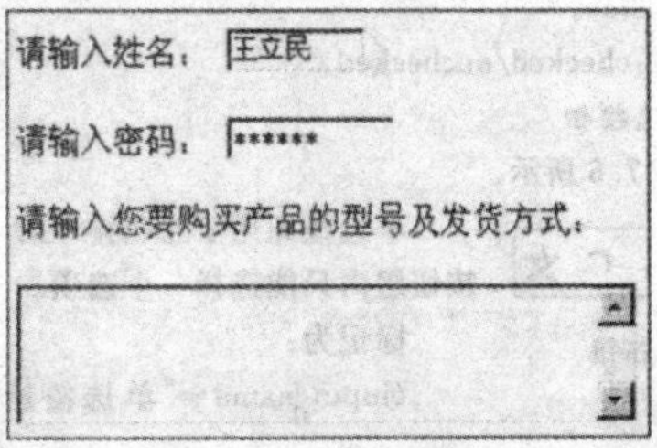

图6-3　文本框

文本框也叫文本域，是用户在其中输入响应的表单对象。

●单行文本域通常用于单字或短语的输入，如姓名或地址等。

●多行文本域为访问者提供一个较大的输入区域。

●密码文本域是特殊类型的文本域。当用户在密码域中输入文本或数字时，所输入的文本或数字被替换为星号或项目符号，以隐藏输入信息，保护这些信息不被看到。

标记为：

〈input type=〃text〃name=〃textname〃……〉

Type为类型：single line(默认的单行文本框)、multiline(多行文本框)、password(密码)，类型为密码时，输入的内容将以"*"显示。文本框的值为：value(初始)。

2.命令按钮

命令按钮如图6-4所示。

图6-4　按钮

按钮控制表单操作。

标记为：

〈input name=〃botton〃type=〃submit〃id=〃botton〃value=〃注册〃〉

Type为按钮类型，代表了3种动作：

(1)none(普通)；

(2)submit(提交表单内容，响应表单的Action程序)；

(3)reset(重置表单中已填写的内容)。

3.复选框

复选框如图6-5所示。

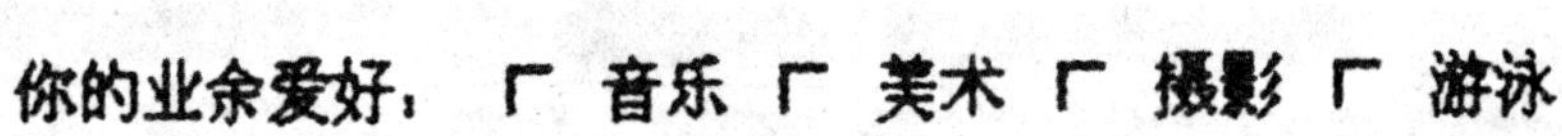

图6-5　复选框

复选框对每个单独的响应进行"关闭"和"打开"状态切换，用户可以从一组复选框中选择多个选项。

标记为：

〈input name=〃checkbox〃type=〃checkbox〃value=〃checkbox〃checked〉

〈input type=〃checkbox〃name=〃checkbox2〃value=〃checkbox〃〉

复选框的值：value。

默认选择状态：checked/unchecked。

4.单选按钮

单选按钮如图6-6所示。

*性别:　○ 男 ○ 女

图6-6　单选按钮

单选按钮用于互相排斥的选项。用户在单选按钮组内只能选择一个选项。

标记为:

〈input name=〃单选按钮组〃type=〃radio〃value=〃单选〃[checked]〉单选按钮

单选框的值:value。

初始状态:checked/unchecked。

5.列表/菜单

列表如图6-7所示。菜单如图6-8所示。

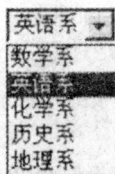

图6-7　列表　　　图6-8　菜单

"列表"和"菜单"可以节省网页空间。用户可以在滚动列表或下拉菜单中进行选择,在滚动列表中可以选择多个项,在下拉菜单中只能选择一个项目。

菜单的标记为:

〈select name=〃select〃〉

〈option selected〉菜单项1〈/option〉

〈option〉菜单项2〈/option〉

〈option〉菜单项3〈/option〉

〈/select〉

列表标记在〈select〉内设置〃size=1〃。

6.文件域

文件域如图6-9所示。

图6-9　文件域

文件域允许用户通过单击"浏览"按钮,在自己的硬盘上浏览并选择目标文件,将这些文件作为表单数据上传。

标记为:

〈input type=〃file〃name=〃file〃〉

7.隐藏域

隐藏域是用来收集有关用户信息的文本域。当用户提交表单时，该域中储存的信息将发送到服务器，例如，姓名、E-mail，以便该用户下次访问站点时使用这些数据。

标记为：

〈input type= ″ hidden ″ name= ″ hiddenField ″ 〉

8.跳转菜单

插入可导航的列表或弹出式菜单。将菜单上每个选项都链接到文件。从中任选一项时，便可跳转到被链接的网页文件。

标记为：

〈select name= ″ menul ″ onChange= ″ MM_jumpMenu(parent ', this，1) ″ 〉

〈option value= ″ www. sohu. com ″ selected〉sohu〈/option〉

〈option value= ″ www. 163.com ″ 〉163〈/option〉

〈/select〉

value是指定的URL地址。

四、Dreamweaver创建表单的方法

1.创建表单

表单域即插入表单对象的区域，在表单域中可以添加其他表单对象，如各种按钮、文本框等对象。

创建表单域的操作步骤如下。

(1)将光标置于要插入表单域的位置。

(2)执行下列操作方法之一：

①选择菜单命令"插入"→"表单"；

②单击"插入"面板"表单"分类中的表单按钮█；

③把form按钮拖到页面上要插入表单的位置。

此时，表单域在文档窗口中会显示成一个边框为虚线的红色方框，如图6-10所示。

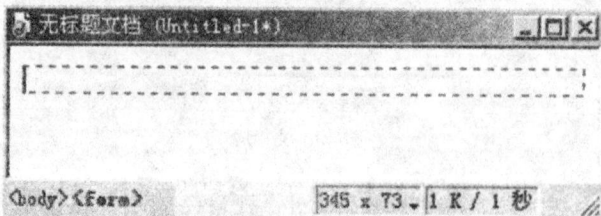

图6-10　创建的表单

【注意】插入表单后，如果看不到红色虚线框，那么只要选择菜单命令"查

看"→"可视化助理"→"不可见元素",就可以看到虚线框了。

2.设置表单属性

设置表单属性的步骤如下。

(1)选择表单,执行下列方法之一选择表单:

①单击该表单的红色虚线框;

②将光标置于要选择的表单内,在"标签选择器"中选择〈form〉标签。

(2)打开"属性"面板,如图6-11所示。

图6-11 表单"属性"面板

在属性面板中可以设置表单的下列属性。

"表单名称":在文本框中输入表单的名称。表单命名后就可以用脚本语言(如JavaScript)对它进行控制。

"动作":指定处理表单信息的脚本或应用程序。

"方法":选择处理表单数据的方式。在属性面板中可选择以下表单数据处理方法:

POST:此种方式携带的数据量大,它将表单中的数据作为一个文件提交。

GET:此种方式将提交表单中的数据附加到URL后面传送给服务器。

默认:使用浏览器的默认方式,通常为GET方式。

【注意】虽然使用GET方式传送数据效率高,但是传送的信息量限制在8192个字符,因此长表单不能使用GET方式传送。

"MIME类型":在该下拉菜单中指定对提交给服务器进行处理的数据使用MIME编码类型。

Application/x-www-form-urlencode:通常与POST方式传送的数据相关联。

Multipart/form-data MIME:如果要创建上传文件的文本域,则选择该类型。

"目标":在该下拉菜单中选择显示返回数据的窗口。

任务二 创建表单元素

插入表单后,就可以添加表单元素了。常见的表单对象有文本框、多行文本框、单选按钮、复选框、按钮、列表/菜单等,下面将介绍表单元素的创建方法及如何设置它们的属性。

一、文本框

文本框在Dreamweaver MX中又称为文本域。

创建单行或密码文本框的方法如下。

将光标置于表单中要插入文本框的位置，执行下列操作方法之一：

（1）选择菜单命令"插入"→"表单对象"→"文本域"；

（2）单击"插入"面板"表单"分类中的按钮▢；

（3）将▢图标从"插入"面板上拖放到表单中。

插入文本框后，默认的是单行文本框，如图6-12所示。

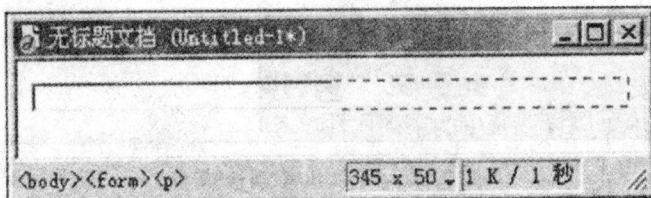

图6-12　插入文本框

选择插入的文本框，打开文本框"属性"面板，如图6-13所示。

图6-13　文本框"属性"面板

在属性面板中可以进行如下设置。

"文本域"：在该文本框中输入文本域的名称。

【注意】文本域名称必须是唯一的，并且在名称中不能出现空格。

"字符宽度"：在该文本框中输入数值指定文本域长度。

"最大字符数"：设置文本框中输入的最多字符数。

"类型"：其中包括"单行""多行""密码"。

"初始值"：指定文本框中的初始文本。

二、多行文本框

在文本域"属性"面板上的"类型"中选择"多行"，则生成多行文本框，如图6-14所示。

插入多行文本框后，文本框"属性"面板变成多行文本框"属性"面板，如图6-15所示。

在属性面板中可以进行如下设置。

"行数"：在该文本框中输入数值指定多行文本框的行数，默认的是两行。

"换行"：在该下拉菜单中指定当输入的文本超过文本区域范围时的处理方式。

其中各项的设置如下。

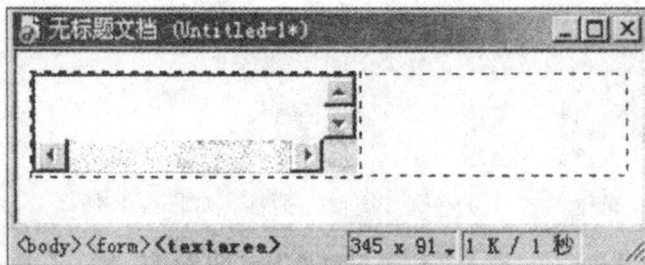

图6-14　插入多行文本框

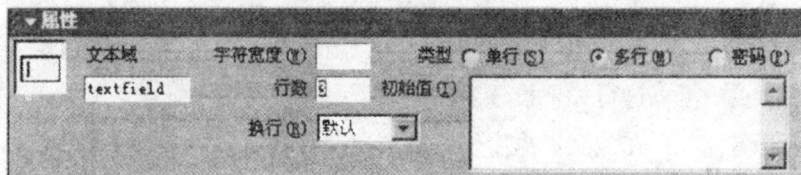

图6-15　多行文本框"属性"面板

"默认"：文本自动换行。

"关"：一行字符数超过文本区域范围时不自动换行，按回车键时才换行。

"虚拟"：在文本区域中设置自动换行。当用户输入的内容超过文本区域范围时，文本换行到下一行。当提交数据进行处理时，自动换行并不应用到数据中。数据作为一个数据字符串进行提交。

"实体"：在文本区域设置自动换行，当提交数据进行处理时，也对这些数据设置自动换行。

三、复选框与单选按钮

复选框可以使用户在多个选项中进行多重选择。如果要求从一组选项中只能选择一个选项时，可以使用单选按钮。

1.复选框

创建复选框的方法如下。

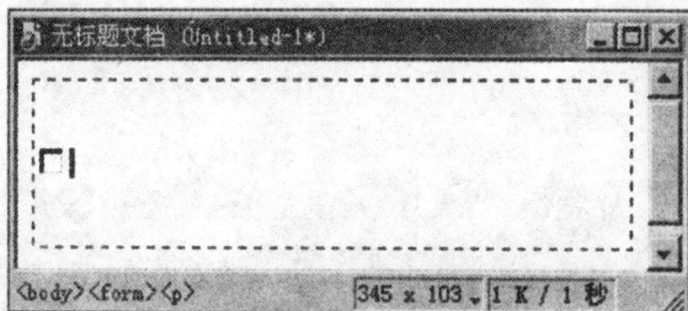

图6-16　插入复选框

将光标置于表单中要插入复选框的位置，执行下列操作方法之一：

(1)选择菜单命令"插入"→"表单对象"→"复选框"；

(2)单击"插入"面板"表单"分类中的按钮☑；

(3)将☑图标从"插入"面板上拖放到表单中。

插入的复选框如图6-16所示。

选择插入的复选框，打开复选框"属性"面板，如图6-17所示。

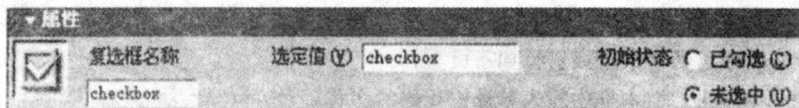

图6-17　复选框"属性"面板

在属性面板中可以进行如下设置。

"复选框名称"：在该文本框中输入复选框的名称。

【注意】每个复选框表单对象都是独立的元素，所以必须在"复选框名称"中输入一个唯一的名称。

"选定值"：在该文本框中输入当选择该复选框时要传送给服务器的值。

"初始状态"：指定复选框的默认选择状态。如果希望在浏览器中首次载入该表单时有一个选项显示为选中状态，则在"初始状态"中选择"已勾选"。

2. 单选按钮

(1)创建单个单选按钮。

创建单个单选按钮的方法如下。

将光标置于表单中要插入单选按钮的位置，执行下列操作方法之一：

①选择菜单命令"插入"→"表单对象"→"单选按钮"；

②单击"插入"面板"表单"分类中的按钮●；

③将●图标从"插入"面板上拖放到表单中。

插入的单选按钮如图6-18所示。

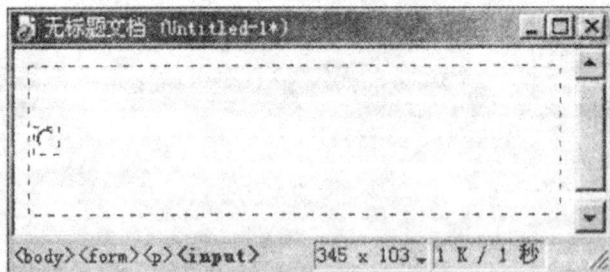

图6-18　插入单选按钮

(2)创建一组单选按钮。

单选按钮通常成组的使用。Dreamweaver MX提供了一次插入一组单选按钮的命令。这些单选按钮具有相同的名称，但包含不同的值。

以组的方式创建单选按钮的方法如下。

①将光标置于表单中要插入单选按钮组的位置。

②选择菜单命令"插入"→"表单对象"→"单选按钮组"。

③打开"单选按钮组"对话框，如图6-19所示。

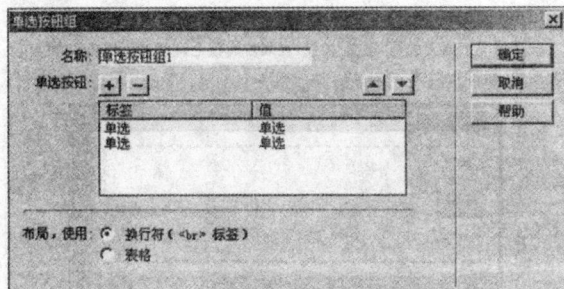

图6-19 "单选按钮组"对话框

在该对话框中可以进行如下设置：

在"名称"文本框中输入单选按钮组的名称；

单击 ⊕⊖ 按钮，增加或删除单选按钮；

单击按钮 ▲▼，对单选按钮排序。

④设置完成后，单击"确定"按钮。

选择插入的单选按钮，打开单选按钮"属性"面板，如图6-20所示。

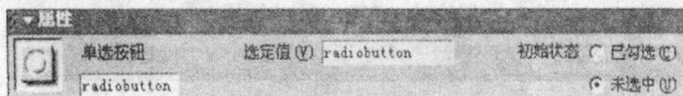

图6-20 单选按钮"属性"面板

在属性面板中可以进行如下设置。

"单选按钮"：在该文本框中指定单选按钮的名称。

【注意】单选按钮以组为单位命名，同一组单选按钮的名称一定要相同。

"选定值"：在该文本框中输入当选择该单选按钮时要传送给服务器的值。

"初始状态"：指定单选按钮默认的选择状态。

四、按钮

按钮在表单中具有举足轻重的作用，单击按钮可以提交表单数据，可以将表单内容置空，还可以使用JavaScript代码控制按钮，完成脚本中定义的任务。

1.普通按钮

该按钮没有内在行为，但可用JavaScript等脚本语言指定动作。

创建按钮的方法如下。

将光标置于表单中要插入按钮的位置，执行下列操作方法之一。

(1)选择菜单命令"插入"→"表单对象"→"按钮"。

(2)单击"插入"面板"表单"分类中的按钮 ▢ 。

(3)将 ▢ 图标从"插入"面板上拖放到表单中。

默认情况下插入的是"提交"按钮，在属性面板上设置不同的动作，则显示不同的按钮，如图6-21所示。

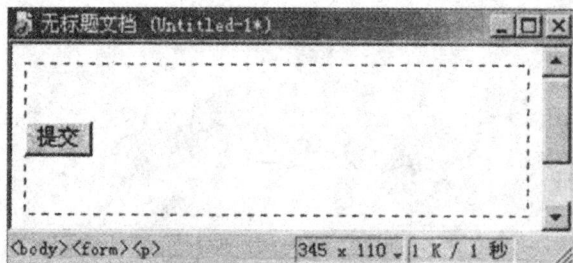

图6-21　插入按钮

选择插入的按钮，打开按钮"属性"面板，如图6-22所示。

图6-22　按钮"属性"面板

在属性面板中可以进行如下设置。

"按钮名称"：指定按钮的名称。

"标签"：输入显示在按钮上的文本。

"动作"：确定单击按钮时发生的动作。

2.提交按钮

单击该按钮时提交表单以供处理。创建按钮方法与普通按钮相同。

3.重置按钮

单击该按钮时重置表单，将表单域中所有值都恢复到原始值状态。创建按钮方法与普通按钮相同。

五、列表与菜单

创建列表/菜单的方法如下。

(1)将光标置于表单中要插入列表/菜单的位置。

(2)执行下列操作方法之一：

①选择菜单命令"插入"→"表单对象"→"列表/菜单"；

②单击"插入"面板"表单"分类中的按钮▤；

③将▤图标从"插入"面板上拖放到表单中。

插入的列表/菜单，如图6-23所示。

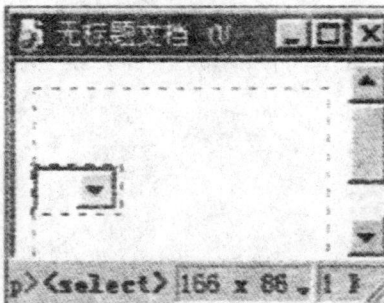

图6-23 插入列表/菜单

选择插入的列表/菜单框后，打开如图6-24所示的属性面板。

图6-24 列表/菜单框"属性"面板

在属性面板中可以进行如下设置。

"列表/菜单"：在文本框中输入列表/菜单的名称。

"类型"：指示该对象是弹出式菜单还是滚动列表。

"高度"：列表框的高度(只用于列表)，即列表框中显示的行数。当列表中的项目超出这个范围时，显示滚动条。

"选定范围"：列表框的选取方式(只用于列表)。选中"允许多选"复选框后，则可以使用Shift键对列表进行复选，否则为单选。

"初始化时选定"：选择在浏览器中默认选择的列表项。

"列表值"按钮：单击该按钮，打开"列表值"对话框，如图6-25所示。

图6-25 "列表值"对话框

(3)在该对话框中设置列表选项。

在"项目标签"下输入列表/菜单内容。

在"值"域中输入当用户选取该项目时要发送给服务器的文本或数据。

单击 ⊞ ⊟ 按钮,在列表中增加或删除项目。

单击 ▲ ▼ 按钮,排列列表项。

(4)单击"确定"按钮。

(5)保存文档,按F12键,预览列表/菜单框,如图6-26所示。

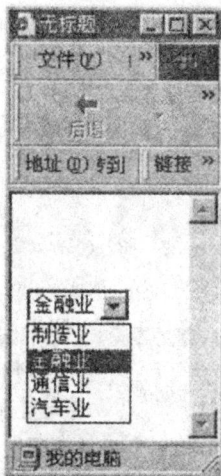

图6-26 预览列表/菜单框

任务三 表单的应用

一、表单设计

表单使网站管理者可以与Web站点的访问者进行交互,是收集用户信息和进行网络调查的主要途径。利用表单的处理程序,可以收集、分析用户的反馈意见,进而做出科学、合理的决策。表单是一个网站成功的秘诀,更是网站生存的命脉。在设计表单时可以使用各种各样的控件来获取信息,设计交互式的网页最重要的任务就是设计一个简洁明了的界面。在表单中通常采用表格进行布局,表格可以控制文本和图形在页面上出现的位置。创建好表格后,可以在表格中进行输入文字、修改表格属性等操作,可以把控件添加到表格中,进而把数据有序地排列起来,制作出一个简洁清晰、界面友好的表单。

二、应用实例

在本实例中,将使用表单中的控件创建收集用户信息的页面,如图6-27所示。

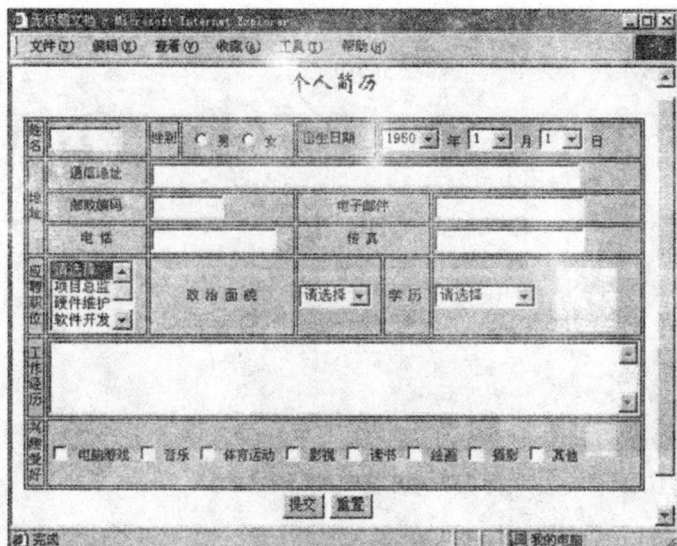

图6-27 效果图

操作步骤如下。

（1）创建一个新页面，将光标放在要定义表单区域的地方，执行菜单命令"插入"→"表单"。网页中边框为虚线的红色方框即是表单域。

【注意】表单域的大小是不能编辑的，表单域中插入控件后，表单域会自动调整。

（2）在表单域中制作一个表格，如图6-28所示。图中表格下面的两个单元格是用来放置"提交"按钮和"重置"按钮的。表格各项属性设置如图6-29所示。

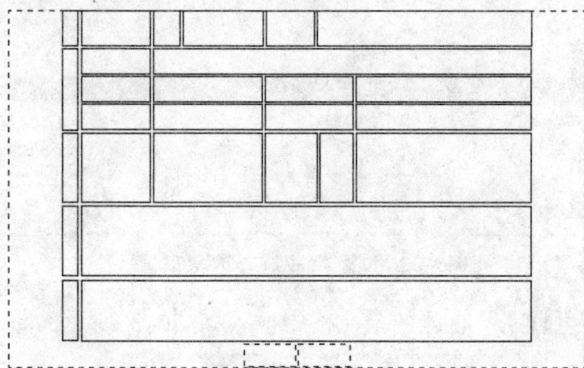

图6-28 制作表格

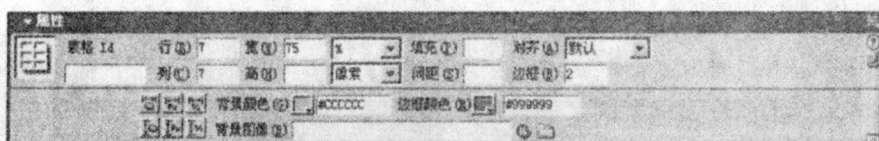

图6-29 表格"属性"面板中的各项设置

139

（3）下面在表格中插入各个控件。首先单击"插入"面板"表单"分类中的 ▢ 按钮，在表格中插入几个文本框，如图6-30所示。

图6-30　插入文本框、单选按钮

（4）在表格第1行的"姓名"右侧插入单行文本域，在属性面板中设置该域的"字符宽度"为10，"最大字符数"为8，如图6-31所示。

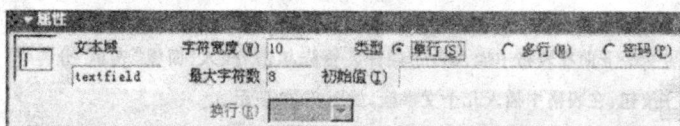

图6-31　设置"姓名"文本域属性

（5）分别在表格中第2、3、4行的"通信地址""邮政编码""电子邮件""电话""传真"后面的单元格中插入单行文本域，根据实际需要，设置其"字符宽度"和"最大字符数"。

（6）在第1行"性别"右侧的单元格中插入单选按钮组，如图6-30所示。在属性面板上设置单选按钮的名称均为"sex"，并分别设置两个单选按钮的"选定值"为0和1，如图6-32所示。

图6-32　设置"性别"单选按钮属性

(7)在第1行"出生日期"右侧的单元格中插入如图6-33所示的域。

图6-33　插入"出生日期"域

其具体操作步骤为：

单击"插入"面板"表单"分类中的 ▤ 按钮，在"年""月""日"前面插入下拉菜单，单击属性面板上的"列表值"按钮，打开"列表值"对话框，在"项目标签"栏中分别输入相应的数值，如"月"的"项目标签"栏中输入01~12月份，在"值"栏中输入对应的值，如图6-34所示。

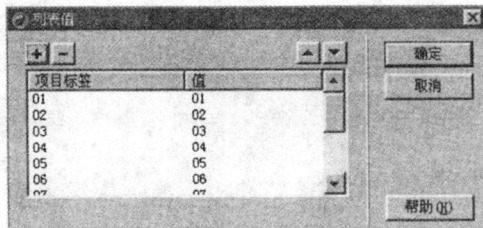

图6-34 设置"月"菜单项

（8）单击"插入"面板"表单"分类中的■按钮，在第5行的"应聘职位"右面的单元格中插入列表，如图6-35所示。单击属性面板上的"列表值"按钮，打开"列表值"对话框，在"项目标签"栏中分别输入"项目总监"等各职位名称，在"值"栏中输入对应的值，如图6-36所示。

图6-35 插入"应聘职位""政治面貌""学历"列表/菜单

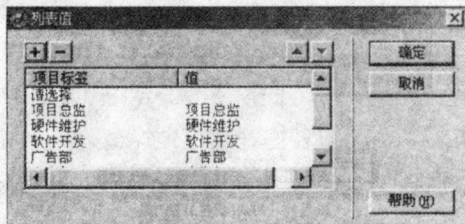

图6-36 设置"应聘职位"列表项

列表项设置完成后，回到属性面板中，在"初始化时选定"列表中选择"请选择"字样，其他各项设置如图6-37所示。

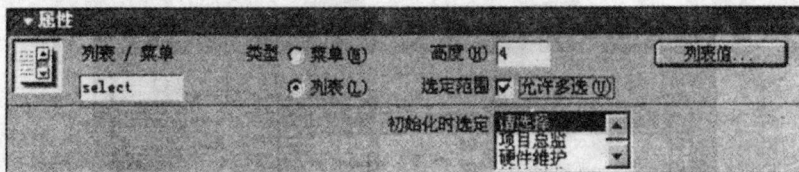

图6-37 设置"应聘职位"菜单

（9）单击"插入"面板"表单"分类中的■按钮，在第5行的"政治面貌""学历"右面的单元格中插入下拉菜单，如图6-35所示。在"列表值"对话中输入相应的值。

（10）单击"插入"面板"表单"分类中的□按钮，在第6行的"工作经历"右面的单元格中插入多行文本域，各项属性设置如图6-38所示。

141

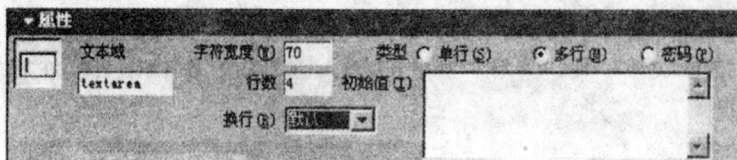

图6-38 设置"工作经历"文本域属性

（11）在第7行"兴趣爱好"右面的单元格中插入如图6-39所示的"兴趣爱好"域。

图6-39 插入"兴趣爱好"域

其具体操作步骤如下：

单击"插入"面板"表单"分类中的▇按钮，在"兴趣爱好"后面的单元格中插入8个复选框，并且在每个复选框后面输入其标签。

选择插入的复选框，在属性面板中设置"复选框名称"和"选定值"，如图6-40所示。

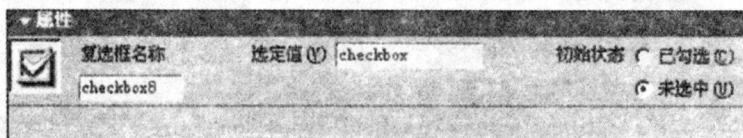

图6-40 设置"复选框"属性

【注意】不同的复选框有不同的名称和选定值。

（12）单击"插入"面板"表单"分类中的▇按钮，在表格下面单元格中插入两个按钮，如图6-41。

图6-41 插入普通按钮

（13）单击文档窗口下面标签栏中的〈form〉标签，选择表单，打开表单属性面板，为表单添加处理脚本或程序，表单属性各项设置如图6-42所示。至此，该实例制作完成。

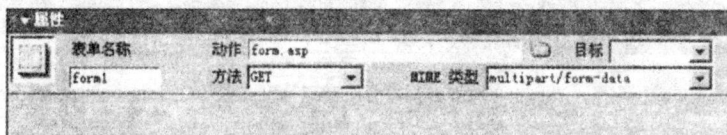

图6-42 设置"表单"属性

该表单的源代码为：

〈!DOCTYPE HTML PUBLIC ″–//W3C//DTD HTML 4.01 Transitional//EN″〉
〈html〉

〈head〉

〈meta http-equiv=〃Content-Type〃content=〃text/html：charset=gb2312"〉

〈title〉无标题文档〈/title〉

〈/head〉

〈body〉

〈div align=〃center〃〉

〈p〉〈font size=〃5〃face=〃华文新魏〃〉个人简历〈/font〉〈/p〉

〈form action=〃method〃=〃post〃enctype=〃multipart/form-data〃name=〃forml〃〉

〈table width=〃450〃height=〃310〃border=〃1〃bordercolor=〃#000000〃bgcolor=〃#CCCCCC〃〉

〈tr〉

〈td width=〃13〃height=〃34〃〉〈div align=〃center〃〉〈font size=〃-1〃〉姓名〈/font〉〈/div〉〈/td〉

〈td width=〃83〃〉〈div align=〃left〃〉

〈input name=〃textfield〃type=〃text〃size=〃8〃〉

〈/div〉〈/td〉

〈td width=〃30〃〉〈div align=〃center〃〉〈font size=〃2〃〉性别〈/font〉〈/div〉〈/td〉

〈td width=〃94〃nowrap〉〈p align=〃center〃〉〈font size=〃2〃〉

〈label〉〈/label〉

〈input type=〃radio〃name=〃radiobutton〃value=〃radiobutton〃〉

男

〈input type=〃radio〃name=〃radiobutton〃value=〃radiobutton〃〉

女〈br〉

〈/font〉〈/P〉〈/td〉

〈td width=〃56〃nowrap〉〈div align=〃center〃〉〈font size=〃2〃〉出生日期〈/font〉〈/div〉〈/td〉

〈td colspan=〃3〃〉〈font size=〃2〃〉

〈select name=〃select2〃〉

〈option selected〉1950〈/option〉

〈option〉1951〈/option〉

〈option〉1952〈/option〉

〈option〉1953〈/option〉

〈option〉1 954〈/option〉

〈option〉1955〈/option〉

〈option〉1956〈/option〉

〈/select〉

年

〈select name=〃select3〃〉

〈option selected〉1〈/option〉

〈option〉2〈/option〉

〈option〉3〈/option〉

〈option〉4〈/option〉

〈option〉5〈/option〉

〈option〉6〈/option〉

〈option〉7〈/option〉

〈option〉8〈/option〉

〈option〉9〈/option〉

〈option〉10〈/option〉

〈option〉11〈/option〉

〈option〉12〈/option〉

〈/select〉

月

〈seleet name=〃select4〃〉

〈option selected〉1〈/option〉

〈option〉2〈/option〉

〈option〉3〈/option〉

〈option〉4〈/option〉

〈option〉5〈/option〉

〈option〉6〈/option〉

〈option〉7〈/option〉

〈option〉8〈/option〉

〈option〉9〈/option〉

〈option〉10〈/option〉

〈option〉11〈/option〉

〈option〉12〈/option〉

〈option〉13〈/option〉

〈option〉14〈/option〉

〈option〉15〈/option〉

〈option〉16〈/option〉

〈option〉17〈/option〉

〈option〉18〈/option〉

〈option〉19〈/option〉

〈option〉20〈/option〉

〈option〉21〈/option〉

〈option〉22〈/option〉

〈option〉23〈/option〉

〈option〉24〈/option〉

〈option〉25〈/option〉

〈option〉26〈/option〉

〈option〉27〈/option〉

〈option〉28〈/option〉

〈option〉29〈/option〉

〈option〉30〈/option〉

〈option〉31〈/option〉

〈/select〉

日〈/font〉〈/td〉

〈/tr〉

〈tr〉

〈td rowspan=″3″〉〈font size=″2″〉地址〈/font〉〈/td〉〈td nowrap〉〈div align=″center″〉〈font size=″2″〉通信地址

〈/font〉〈/div〉〈/td〉

〈td colspan=″6″〉〈input name=″textfield6″type=″text″size=″55″〉〈/td〉

〈/tr〉

〈tr〉

〈td nowrap〉〈div align=″center″〉〈font size=″2″〉邮政编码

〈/font〉〈/div〉〈/td〉

〈td colspan=″2″〉〈input name=″textfield2″type=″text″size=″8″〉

〈/td〉〈td colspan=″3″nowrap〉〈div align=″center″〉〈font size=″2″〉电子邮件

〈/font〉〈/div〉〈/td〉

〈td width=″205″〉〈input name=″textfield4″type=″text″size=″18″〉〈/td〉

〈/tr〉

〈tr〉

〈td〉〈div align=〞center〞〉〈font size=〞2〞〉电话〈/font〉〈/div〉〈/td〉

〈td colspan=〞2〞〉〈input name=〞textfield3〞type=〞text〞size=〞15〞〉〈/td〉

〈td colspan=〞3〞〉〈div align=〞center〞〉〈font size=〞2〞〉传真〈/font〉
〈/div〉〈/td〉

〈td〉〈input name=〞textfield5〞type=〞text〞size=〞18〞〉〈/td〉〈/tr〉

〈tr〉

〈td height=〞64〞valign=〞middle〞〉

〈div align=〞center〞〉〈font size=〞2〞〉应聘职位〈/font〉〈/div〉〈/td〉

〈td valign=〞top〞〉〈select name=〞select〞size=〞4〞〉

〈option selected〉项目总监〈/option〉

〈option〉硬件维护〈/option〉

〈option〉软件开发〈/option〉

〈option〉广告部〈/option〉

〈option〉人事部〈/option〉

〈/select〉〈/td〉

〈td colspan=〞2〞〉〈div align=〞center〞〉〈font size=〞2〞〉政治面貌〈/font〉
〈/div〉〈/td〉

〈td colspan=〞2〞〉〈select name=〞select6〞〉

〈option selected〉请选择〈/option〉

〈option〉党员〈/option〉

〈option〉团员〈/option〉

〈/select〉〈/td〉

〈td width=〞37〞nowrap〉〈div align=〞center〞〉〈font size=〞2〞〉学历
〈/font〉〈/div〉〈/td〉

〈td〉〈select name=〞select5〞〉

〈option selected〉请选择〈/option〉

〈option〉大学〈/option〉

〈option〉专科〈/option〉

〈option〉硕士研究生〈/option〉

〈/select〉〈/td〉

〈/tr〉

〈tr〉

〈td height=〞67〞valign=〞middle〞〉

〈p〉〈font size=″2″〉工作经历〈/font〉〈/p〉〈/td〉

〈td colspan=″7″〉〈textarea name=″textarea″ cols=″75″ rows=″4″〉

〈/textarea〉〈/td〉

〈/tr〉

〈tr〉

〈td height=″56″ valign=″top″ nowrap〉

〈p〉〈font size=″2″〉

兴〈br〉

趣〈br〉

爱〈br〉

好〈/font〉〈/p〉〈/td〉

〈td colspan=″7″ valign=″middle″〉

〈p〉

〈input type=″checkbox″ name=″checkbox″ value=″checkbox″〉

〈font size=″2″〉电脑游戏

〈input type=″checkbox″ name=″checkbox2″ value=″eheck box″〉

音乐

〈input type=″checkbox″ name=″checkbox3″ value=″checkbox″〉

体育运动〈/font〉〈font size=″2″〉

〈input type=″checkbox″ name=″checkbox4″ value=″checkbox″〉

影视

〈input type=″checkbox″ name=″checkbox5″ value=″checkbox″〉

读书

〈input type=″checkbox″ name=″checkbox6″ value=″checkbox″〉

绘画

〈input type=″checkbox″ name=″checkbox7″ value=″eheckbox″〉

摄影

〈input type=″cheekbox″ name=″eheckbox8″ value=″checkbox″〉

其他〈/font〉〈/P〉〈/td〉

〈/tr〉

〈/table〉

〈table width=″100″ border=″0″〉

〈tr〉

〈td width=″40″〉〈input type=″submit″ name=″Submit″ value=″提交″〉〈/td〉

〈td width=″50″〉〈input type=″reset″name=″Submit2″value=″重置″〉
〈/td〉

〈/tr〉

〈/table〉

〈/form〉

〈P align=″left″〉〈font size=″5″face=″华文新魏″〉〈/font〉〈/p〉

〈/div〉

〈/body〉

〈/html〉

习题与思考题

1.选择题。

(1)插入表单域的按钮是(　　)。

A. ▯　　　　　　　　B. ▯　　　　　　　　C. ▯　　　　　　　　D. ▯

(2)文本域"属性"面板上的"行数"属性，用来设置(　　)。

A. 文本域中输入的最多字符数　　　　　　B. 文本域的宽度

C. 文本域的类型　　　　　　　　　　　　D. 文本域中显示的行数

(3)按钮▯表示插入(　　)对象。

A. 列表框　　　　　B. 复选框　　　　　C. 文本框　　　　　D. 按钮

(4)插入表单域应执行(　　)菜单中的命令。

A. "查看"　　　　　　　　　　　　　　　B. "编辑"

C. "插入"　　　　　　　　　　　　　　　D. "修改"

(6)插入列表框的按钮是(　　)。

A. ▯　　　　　　　　B. ▯　　　　　　　　C. ▯　　　　　　　　D. ▯

2.完成下列各题。

(1)简述表单的作用。

(2)简述表单由哪几部分构成?

(3)文本域有哪些属性?如何设置?

(4)列表和菜单有哪些属性?如何设置?

(5)如何创建复选框和单选按钮?

3.建立一个用户意见反馈表。

4.建立一个用户注册表单。

项目七　制作企业动态网站

【项目提要】

静态网页文件全部由HTML标记语言编写而成，以.him或.html为后缀进行保存。网页文件编写完成之后，其内容不会再发生变化。但静态网页显然已经不再符合人们的上网需求。人们越来越倾向于能够实现信息自动化更新和在线交流的网站，这就需要用到动态网站技术。动态网站技术可以将网页维护者从重复而烦琐的手动更新中解放出来，实现交互性很强的页面，其出现使得网站从展示平台变成了交互平台。

本项目将以河南方通化工有限公司网站为例介绍企业网站的设计，重点是使用动态技术设计网站的新闻和产品发布管理系统。

网站名称：

河南方通化工有限公司网站

项目描述：

使用CMS内容管理系统为网站制作动态的"产品展示"和"新闻动态"子页。

项目分析：

※ 企业宣传网站无须太过花哨，应遵循快速、简洁、吸引人、信息概括能力强、易于导航等原则。同时，网站内容要具备可管理性，能动态进行更新。

※ 对于中小型企业网站来说，展示产品或服务通常是网站的重要功能，因此每当有新产品需要发布时，就需要通过后台完成产品数据的实时更新。同时，发布公司的近期动态，如会议、招聘信息等，也是中小型企业网站常见的功能。这就需要考虑构建一个动态网站。

※ 动态网站的制作方式有很多种，如使用ASP、PHP、NET、JSP等技术，但由于河南方通属于中小型企业，因此这里可以选用一个小型的基于ASP技术的CMS来实现网站内容的动态化。

※ 本项目将在项目二的基础上，以"产品展示"和"新闻动态"两个子页的设计为例，介绍如何使用CMS，即内容管理系统，实现静态网站的动态化。

项目实施过程：

制作首页和内容明细页模板：进入讯时后台管理系统，为网站添加一级、二级栏目，并为不同的栏目添加相应的数据；在Dreamweaver中通过代码调用实现首页、列表页和内容明细页的动态化。

最终效果:

项目的最终效果如图7-1所示。

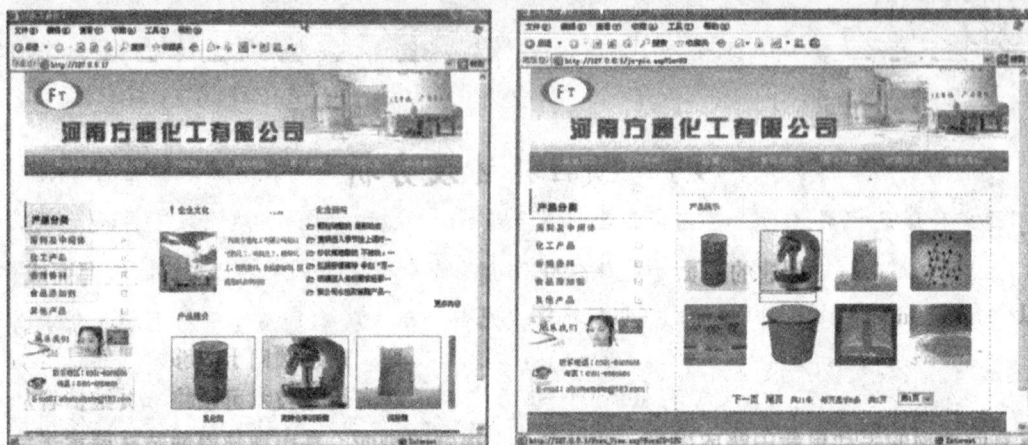

图7-1 网站最终效果图

任务一 认识CMS

CMS是Content Management System的缩写,其中文名称是内容管理系统。CMS是一个很广泛的称呼,从一般的博客程序、新闻发布程序到综合性的网站管理程序都可以被称为内容管理系统。

根据不同的需求,CMS有几种不同的分类方法。如根据应用层面的不同,可以划分为重视后台管理的CMS、重视风格设计的CMS和重视前台发布的CMS。

CMS具有许多基于模板的优秀设计,可以加快网站的开发速度,减少开发成本。CMS的功能并不只限于文本处理,也可以处理图片、Flash动画、声像流、图像甚至电子邮件档案。

如今,知识的更新越来越快,企事业单位的信息生产量也越来越多,信息的更新、维护成本也随之增加。因此,人们越来越需要一项能提供强大功能的、可扩展的、灵活的内容管理技术,以保证信息的准确性和真实性,并能有效降低信息的更新、维护成本。于是,CMS应运而生。

中小型企业常用的CMS主要有动易、风讯、新云、帝国和讯时等。

一、动易CMS

动易CMS是国产AspCMS中一款非常强大的系统,包括个人版、学校版、政府版和企业版等诸多版本。动易CMS的整体功能较强，其后台功能主要有信息发布、类别管理、权限控制和信息采集等，而且它可以与第三方程序(如论坛、商城、Blog等)实现完美结合。动易CMS基本可以满足一个中小型网站的要求。

二、风讯CMS

风讯CMS的系统功能强大，自由度高，也是目前人气较高的系统之一。风讯CMS允许设计者根据自己的想法制作网页从而建立一个有自我风格的网站，而且它的版本更新速度很快。开源是风讯CMS的最大特点，目前已开放了采集、下载、投稿、图片整站管理系统和第三方整合等功能。其缺点是后台的人性化程度较差，因此上手较难，而且没有默认的模板。

三、新云CMS

新云CMS由文章、下载、商城、留言、用户管理5大功能模块和广告、公告、连接、统计、采集、模板管理、数据库管理等多个通用模块组成，其功能实用性较强。如果只需要制作一个简单的企业网站，新云CMS的功能已足够。

四、帝国CMS

帝国网站管理系统(ECMS)包含数据库管理、论坛、新闻、下载、Flash、域名交易系统等功能，还包括JSP的版本。

五、讯时CMS

讯时网站管理系统具有强大的后台文章编辑器功能。它可以方便地以拖动形式进行图文混排、远程图片上传、图片显示效果的处理等操作；且能从Word文档中粘贴图文，并能清除原Word文档的排版格式；能自由编辑HTML栏目模板，并可设置多个模板；能方便地管理和动态调用各栏目。在安全上，它可以进行IP地址阻止设置，以防止恶意破坏。

CMS中的模板和Dreamweaver中模板的使用方法不同，但性质基本相同。当需要制作大量页面布局相同或相似的网页时，只需设计好页面布局，将其保存为模板页，然后利用模板即可快速、高效地创建出大量布局相同的页面，从而大大提高工作效率。

本书前面项目中制作的模板，在创建好后仍然需要网站制作人员重新制作新页面；不够方便，且不易上手。本项目所讲的模板包括了数据的调用，可以轻松地实现网站的内容管理及调用。

不同的CMS有不同的模板调用方法。有些CMS提供了模板，可供客户使用，如动易和帝国网站管理系统；而有些CMS，则需要使用者自行开发模板，如风讯网站管理系统。

下面将以讯时网站管理系统为例，介绍部分内容需要实时更新的动态网站的制作方法。

任务二　制作网站模板

一、制作首页模板

在项目三中已经完成了河南方通化工有限公司网站首页的草图制作，如图7-2所示。

图7-2　河南方通化工有限公司网站首页效果

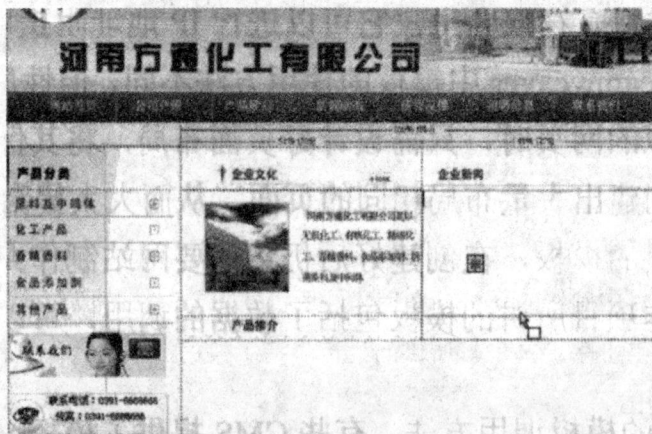

图7-3　方通化工企业网站首页模板

　　观察该页面草图可以发现，页面中存在两种类型的数据：一种是不需要更新的，如导航条、左侧的"产品分类"栏、"联系方式"栏以及中间部分的"企业文化"栏等；另一种是需要进行实时更新的，如右侧的"企业新闻"栏和"产品推介"栏等。

　　对于不需要更新的栏目，可以采用之前的方法，对图像进行切片导出，待子页面制作完毕后再添加相应的链接即可；对于需要更新的栏目，则需要留白，即在Dreamweaver中将相关的切片删除或在需要保留背景的地方将图像做成表格或DIV的背景。

　　制作完毕后，可见"企业新闻"和"产品推介"栏下的单元格为空，如图7-3所示。

二、制作列表页和内容明细页模板

图7-4　新闻列表页面

图7-5　内容明细页面

在图7-2中，单击首页导航栏中的"新闻动态"(或"产品展示")超链接，将进入"新闻动态"(或"产品展示")子页。该子页为网站的二级子页面，其Banner、导航栏、左侧边栏以及页脚的版权信息与首页完全相同，但主体内容区显示的则是动态更新的新闻(或产品)列表信息。单击某一新闻标题(或产品图片)，则进入具体的新闻(产品介绍)内容页面。

这里，我们称显示动态新闻列表的页面为列表页(如图7-4所示)，显示具体新闻内容的页面为内容明细页面(如图7-5所示)。

列表页和内容明细页模板的制作思路与首页模板类似，即对于左侧不需要更新的导航栏、"产品分类"栏和"联系方式"栏进行保留；对于右侧需要显示不同内容的栏目，则做成表格或DIV背景。

具体的操作步骤这里不再重复，其最终效果如图7-6所示。

图7-6　方通化工有限公司网站内容明细页模板

任务三　使网站动态化

下面为前面制作好的首页、列表页和内容明细页模板添加信息，以使河南方通化工有限公司的网站"动"起来。

要将网站动态化为ASP+Access架构，必须先配置好ASP的运行环境。对于使用Windows操作系统的用户来说，需要先安装好IIS(Internet Information Services，互联网信息服务)，然后才能运行和调试ASP页面。另外，需要用户从网上下载免费版的讯时网站内容管理系统。下面来讲解如何利用讯时网站管理系统实现网站内容的动态化。

一、　配置网站运行环境

在Windows 2000和Windows Server 2003操作系统中，安装系统时会默认安装IIS；在Windows NT操作系统中，虽然不默认安装IIS，但会提示用户是否选择安装IIS；而在使用广泛的Windows XP操作系统中，却没有安装IIS，因此需要用户自行安装。

1. 安装IIS

把WindowsXP professional的安装光盘放入光驱中。然后选择"开始"→"控制面板"命令，打开"控制面板"窗口。双击"添加/删除程序"图标，打开"添加或删除程序"对话框。在左侧选择"添加/删除Windows组件"选项，打开"Windows组件向导"对话框，如图7-7所示。

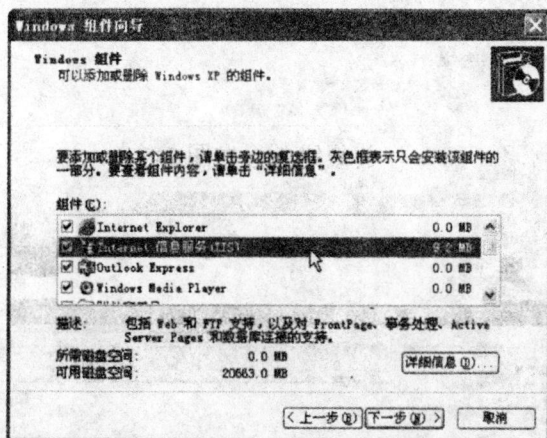

图7-7　"Windows组件向导"对话框

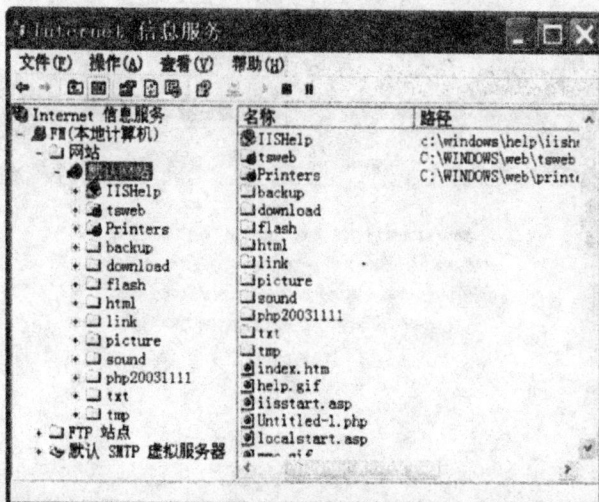

图7-8　"Internet信息服务"对话框

在"组件"列表中选中"Internet信息服务(IIS)"复选框，然后单击"下一步"按钮,系统即开始自动安装IIS组件。安装完毕后,单击"完成"按钮即可。

2. 配置网站服务器

(1)选择"开始"→"控制面板"命令,打开"控制面板"窗口,双击"管理工具"图标,然后选择"Internet信息服务"选项,打开"Internet信息服务"对话框,如图7-8所示。

(2)在左侧栏中选择"默认网站"文件夹,然后单击鼠标右键,在弹出的快捷菜单中选择"属性"命令,打开"默认网站属性"对话框。选择"主目录"选项卡,将"本地路径"设置为网站的存放目录,如D:\web,如图7-9所示。

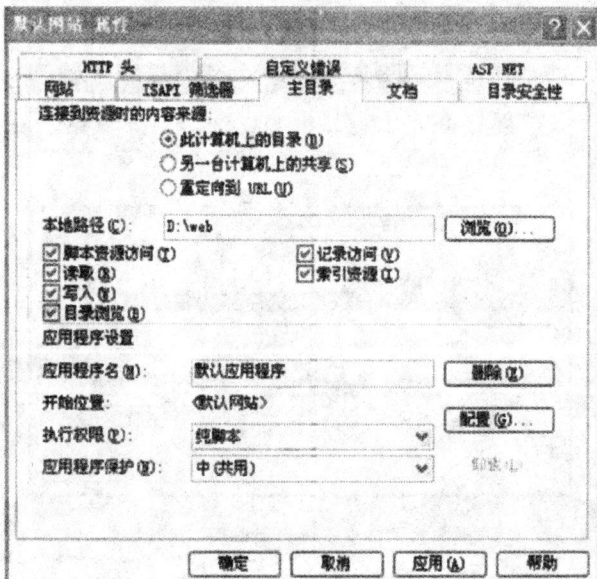

图7-9　设置"本地路径"

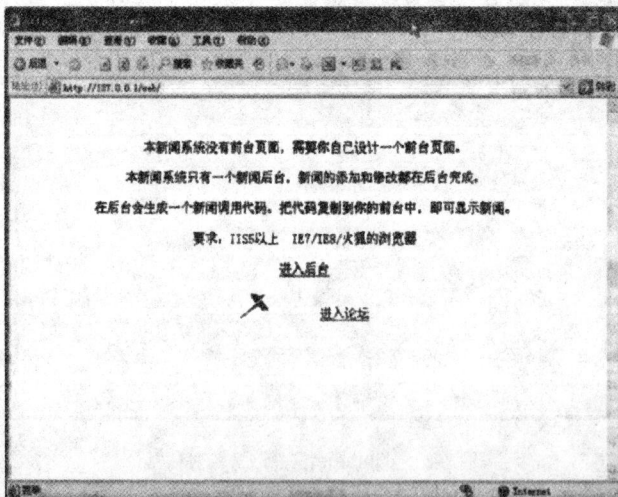

图7-10　讯时后台默认的主页index.asp

(3)设置访问权限。一般情况下，保留系统默认设置即可。因本任务中需要上传数据，所以要选中"写入"复选框，获得数据写入权限。最后，单击"确定"按钮，完成设置。

3. 测试网站的运行环境

将讯时网站内容管理系统软件解压缩后放至目录D：\web\下，然后在IE浏览器的地址栏内输入http：//localhost/(或http：//127.0.0.1)，即可显示如图7-10所示的窗口。

至此，IIS就可以在用户计算机上服务了。

4. 添加素材及模板文件

将本项目的素材文件和相关的模板一起复制到D:\web文件夹下，然后将首页模板文件更名为Index.asp。再次打开IE浏览器，在地址栏输入http：//127.0.0.1/，将显示如图7-11所示的页面。

图7-11　河南方通化工有限公司网站首页

二、进行后台管理

在IE浏览器的地址栏中输入http：//127.0.0.1/login.asp，并按Enter键，将打开讯时的后台管理登录界面。输入默认的用户名admin和密码admin，然后输入正确的验证码，即可进入后台管理界面，如图7-12所示。

1.添加栏目

在后台管理页面左侧列表中选择"栏目专题"选项，则右侧会自动显示栏目管理界面。在这里，可以任意增加一级栏目或二、三级栏目(讯时网站管理系统最多只能建三级栏目)。依据方通化工有限公司网站内容的实际需求,创建"公司介绍""产品展示""新闻动态""招聘信息"和"联系我们"5个一级栏目。然后在"产品展示"栏目下创建"原料及中间体""化工产品""香料香精""食品添加剂"和"其他产品"5个二级栏目。添加完成后,栏目窗口如图7-13所示。

图7-12 讯时CMS的后台管理界面

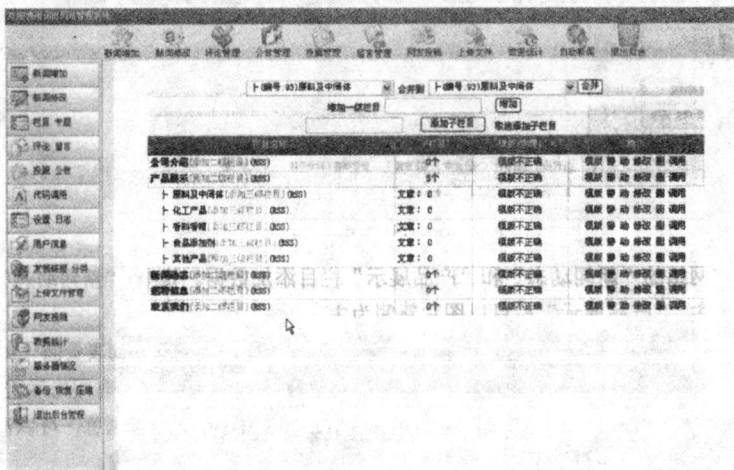

图7-13 添加栏目

【注意】必须建立好栏目后才能在其下添加相应的内容。因这里仅作调试CMS用,所以只在"产品展示"栏目下添加了二级栏目。在实际网站制作中,可根据需要依次添加多个二级、三级栏目。

设定好栏目之后,就可以为每个栏目添加数据了。

2.添加数据

在左侧列表中选择"新闻增加"选项,打开新闻添加页面,在这里可以为栏目添加一条新的信息，即添加一篇文章。讯时是一个内容管理系统，因此，添加一条新闻的过程也就是向数据表中写入一个新记录的过程。

在新闻添加页面"课件栏目选择"下拉列表框中选择"新闻动态(1级)"选项，然后依次填写"课件标题"和新闻内容，如图7-14所示，即可为河南方通化工有限公司网站的"新闻动态"栏目添加一条新的新闻信息。

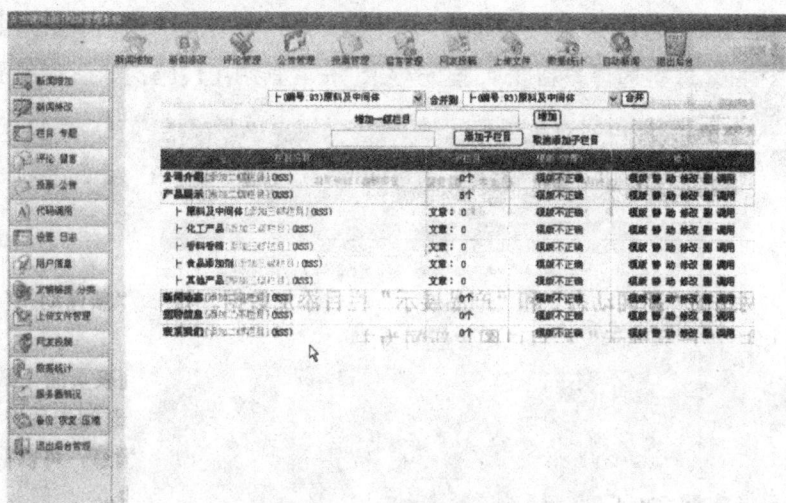

图7-14　添加新闻

通过上述操作，我们为"新闻动态"栏目添加了一条新闻信息。那么，如何为"产品推介"栏添加产品的图片信息呢?同样要使用此"新闻增加"功能。可以将图片信息作为图片新闻进行处理，即选中窗口下方的"图片"复选框。

继续为网站的"新闻动态"和"产品展示"栏目添加数据。其中，"新闻动态"栏目以文字新闻为主，"产品展示"栏目以图片新闻为主。

添加完毕后，选择左侧的"新闻修改"选项，可以打开修改文章列表页面(如图7-12所示)。在这里，可以看到之前为所有栏目添加的文章信息，并按添加的时间先后进行顺序。单击某个文章标题，即可打开该文章进行查看。如果对文章的内容不满意，可以在列表的"操作"列中单击"编辑"超链接，打开具体的文章编辑页面进行修改。

三、首页的动态化

河南方通化工有限公司网站首页的元素不需要反复使用，所以首页可以不作为模板使用。利用讯时网站管理系统实现首页动态化时，仅仅涉及代码调用的问题，具体操作步骤如下。

1. 创建站点

利用Dreamweaver CS4创建一个站点，将其命名为"方通化工"，然后将：D：/Web作为网站的根目录。同时，设置测试时的URL地址为http：//127.0.0.1/，如图7-15所示。

2. 获取"新闻动态"栏目的调用代码

打开讯时后台管理界面，从左侧选择"代码调用"选项，打开代码调用界面。选择要调用的栏目，这里选择"新闻动态"选项，获取其调用代码，如图7-16所示。

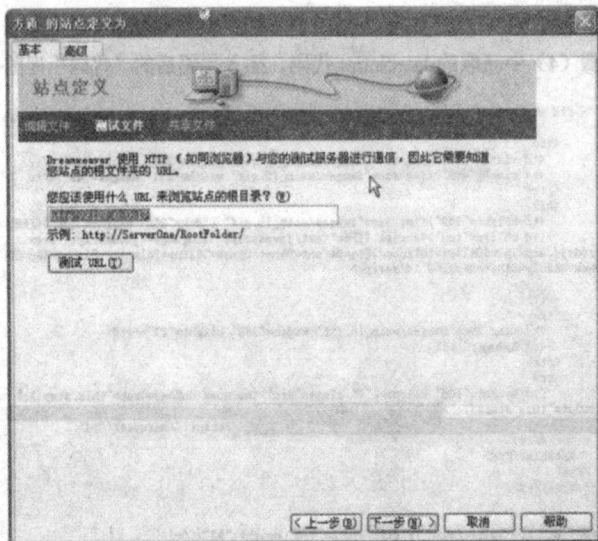

图7-15　站点设置

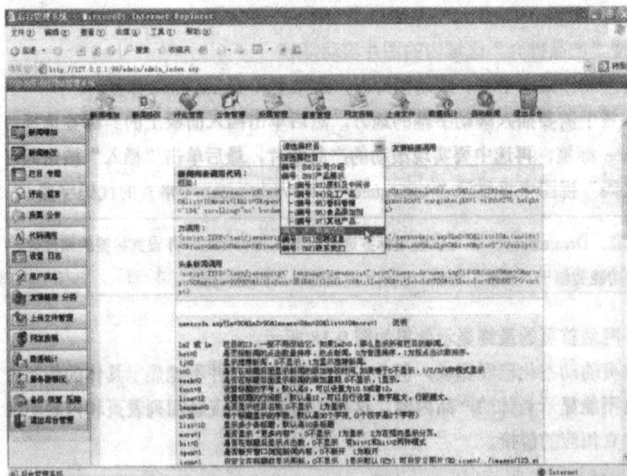

图7-16　代码调用页面

【注意】调用代码的格式有很多种，建议读者采用JavaScript格式的调用代码。该类代码比较简洁，也比较容易控制。

3. 插入"新闻动态"栏目的调用代码

在Dreamweaver CS4中打开Index.asp文件，切换到代码状态，在需要显示新闻动态列表的位置加入步骤(2)中获取的JavaScript代码。

【注意】调用代码时设置详细参数，可以显示出不同的效果。这些都可以在代码调用页中查看，需要细细研究。

4. 获取"产品展示"栏目的调用代码

打开代码调用界面，选择"产品展示"栏目。因在首页中需要显示图片，所以在此要使用图片调用代码。

5. 插入"产品展示"栏目的调用代码

在Dreamweaver CS4中打开Index.asp文件，切换到代码状态，在需要显示"产品推介"栏的位置加入步骤(4)中获取的JavaScript代码。插入代码后的"代码"视图如图7-17所示。

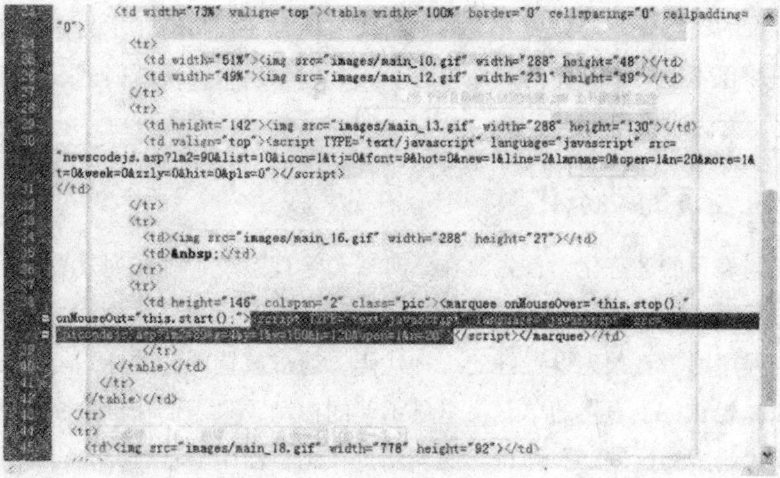

图7-17　JavaScript代码

6. 使"产品推介"区域内的图片滚动播放

在网页中制作滚动字幕、滚动图片时，通常要用到marquee标签。

将光标置于需要插入滚动字幕的地方，然后单击插入面板上的"标签选择器"按钮，选择marquee标签，再选中要实现滚动的产品图片，最后单击"插入"按钮即可完成。此时，在"代码"视图中将显示"<marquee>图片</marquee>"格式的代码字段。

【注意】Dreamweaver中可以使用标签选择器插入各种标签，并设置标签的属性值。标签检查器的功能类似于"属性"面板，但是比"属性"面板更加强大。

此时，网站首页的最终显示效果如图7-18所示。

图7-18 实现首页动态化

　　网站首页的动态化已经完成，但单击新闻链接时，并不能显示具体的新闻内容，单击产品图片也不能显示具体的产品内容。这是因为还未实现新闻列表页和内容明细页的动态化，无法建立相应的链接。

四、列表页的动态化

　　要实现列表页的动态化，首先要在讯时后台管理系统中制作列表页的模板。而要制作讯时的模板，就必须用到标签。

　　标签是程序编写者预先设置好的一种代码，通过放置不同的标签可以显示不同的内容。例如，想在一个表格的单元格里显示新闻标题，只需要在该单元格的源代码中加入字符串代码"$$标题$$"即可。而当网页在浏览器中显示时，会自动用新闻的标题替换字符串"$$标题$$"。

　　下面是讯时软件中常用的一些标签：

$$副标题$$	$$相关$$
$$时间$$	$$上下条$$
$$栏目名$$	$$工具栏$$
$$内容$$	$$评论$$
$$访问量$$	$$路径$$
$$来源$$	$$列表$$
$$作者$$	$$图片列表$$

　　【注意】上述标签是讯时软件自带的，在使用时，不能省略其中的"$$"符号。

现在有一些CMS可以由使用者自行定义标签，如风讯CMS。

河南方通化工有限公司网站的内容主要有两大类：文字新闻(内容)和图片新闻(内容)，其模板需要进行分类设计。

1. 制作文字新闻(内容)列表模板

进入讯时后台管理系统，在左侧列表中选择"设置日志"选项，再单击右侧页面中的"进入栏目模板设置"超链接，则页面显示如图7-19所示的内容。

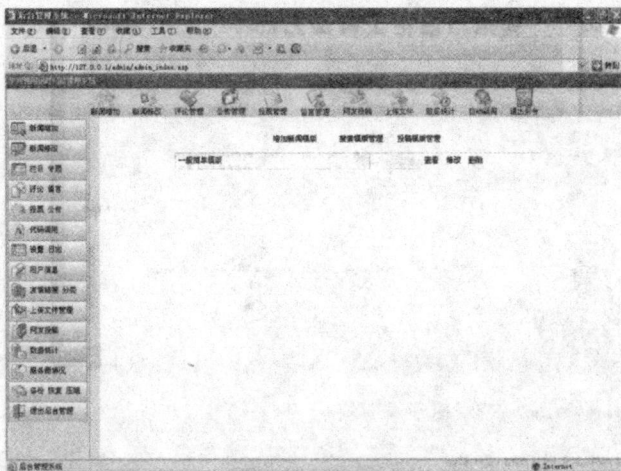

图7-19　栏目模板设置页面

在Dreamweaver CS4中打开在已创建的列表页模板，并在相应的位置上添加讯时标签"$$栏目名$$"和"$$列表$$"，如图7-20所示。

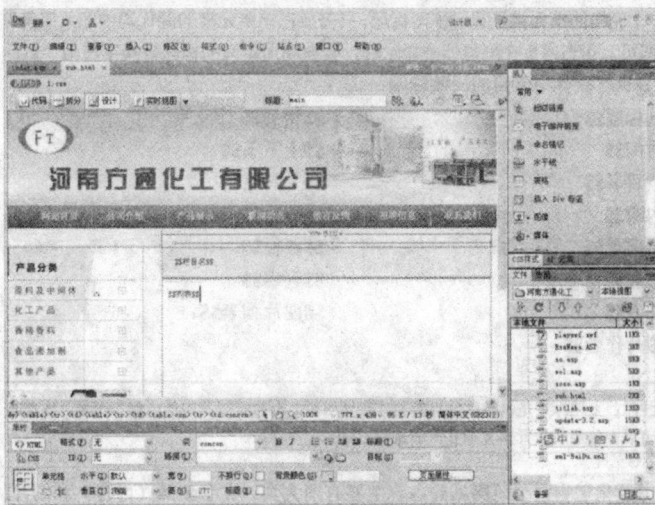

图7-20　添加讯时标签

2. 制作图片新闻(内容)列表模板

图片新闻列表模板的制作与文字模板类似，只需将其中的标签"$$列表$$"改为

"$$图片列表$$"即可。

3. 将模板放入讯时CMS

在讯时管理后台打开模板设置页面(如图7-19所示),单击"增加新闻模板"超链接,添加一个新闻模板。将新模板的标题设置为"河南方通化工",然后将步骤1、2中所创建的文字和图片新闻列表模板的HTML源代码分别复制到"更多新闻列表"文本框和"图片模板"文本框中,如图7-21所示。最后,单击页面底端的"保存"按钮。

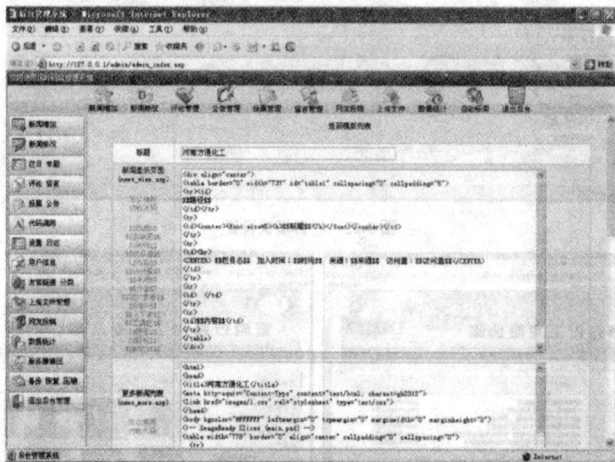

图7-21 添加风讯模板

4. 将栏目绑定到模板

栏目文章只有在绑定到相应模板后,才会显示出想要的效果。打开栏目管理页面,单击栏目后的模板,显示如图7-22所示的页面。在下拉列表中选择刚刚创建的模板"河南方通化工",即可将模板与栏目绑定。这里将所有的栏目均设置为"河南方通化工"模板。

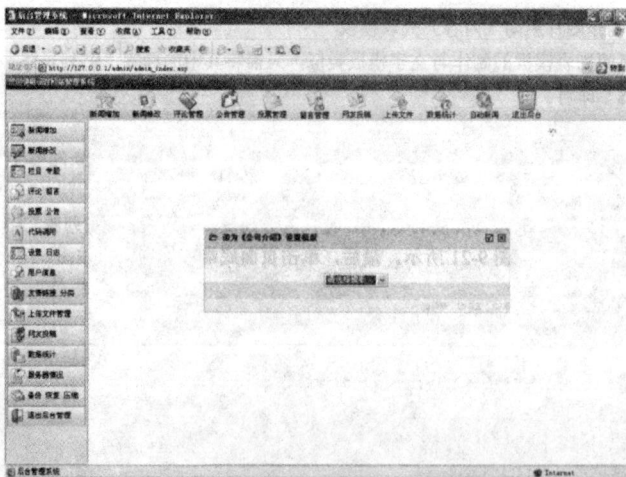

图7-22 栏目模板设置

【注意】也可以根据需要，设置不同的模板。

5. 测试网站

在Dreamweaver CS4中打开Index.asp，为"新闻动态"文本添加链接"news_more.asp?Im=90"，为"产品展示"文本添加链接"js_pic.asp?Im=89"。其中，"89"和"90"为栏目的ID，可在后台的"栏目"中查询得到。

此时，在网站首页中单击"新闻动态"超链接，即可连接到"新闻动态"子页面，如图7-23所示；单击"产品展示"超链接，即可连接到"产品展示"子页面，如图7-24所示。

图7-23　文字新闻(内容)列表页

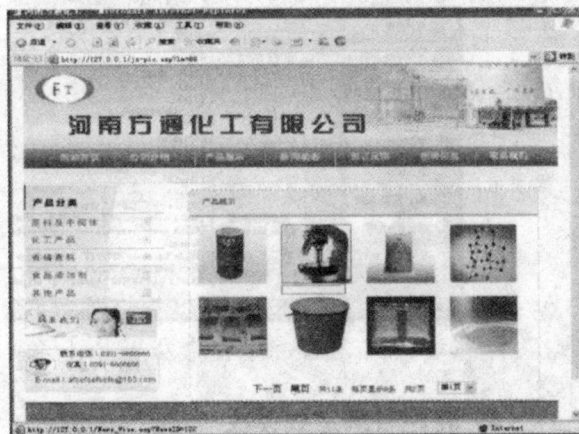

图7-24　图片新闻(内容)列表页

首页中的其他链接以及前面模板中的链接均需添加，在此不再详细讲解，读者可自行操作练习。

五、内容明细页的动态化

内容明细页模板的制作与列表页模板的制作过程类似。下面以制作"新闻动态"

下的二级子页面为例，讲解内容明细面的动态化实现。

具体新闻显示页面中用到的风讯标签有"$$路径$$""$$标题$$""$$副标题$$""$$时间$$""$$访问量$$""$$来源$$""$$作者$$""$$内容$$""$$相关$$"和"$$上下条$$"等。

图7-25　新闻(内容)显示页模板

在Dreamweaver CS4中打开已创建的内容明细页模板，并在相应的位置上添加讯时标签，如图7-25所示。

在讯时管理后台打开模板设置页面，添加一个新闻模板，并设置新模板的标题为"河南方通化工"，然后把前面制作的模板的HTML源代码复制到"新闻显示页面"文本框中。

最后，单击"保存"按钮完成模板设置。

测试模板，可以发现该内容明细页面上显示了一条新闻动态，如图7-26所示。

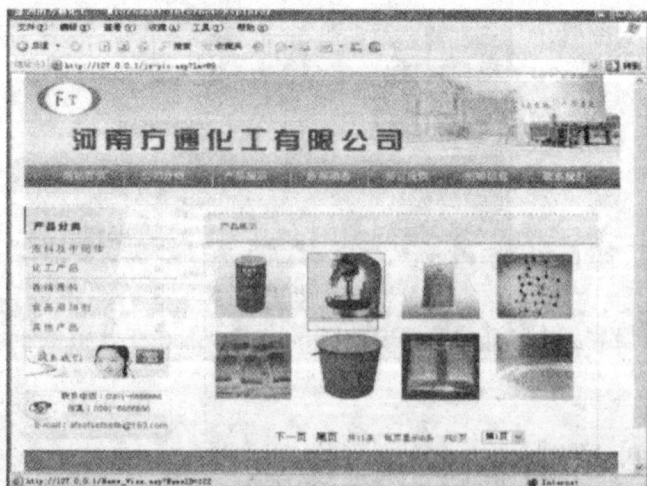

图7-26　新闻(内容)显示页

至此，河南方通化工有限公司网站已经基本上实现了动态化。

【注意】讯时后台管理系统还提有很多功能，读者可以参阅相关的技术文档，自行学习。

任务四　CMS的发展与应用（知识链接）

一、CMS的发展

CMS从2000年开始成为一个重要的应用领域，CMS能够通过对企业各种类型的数字资产的产生、管理、增值和再利用，改善组织的运行效率和企业的竞争力，企事业单位也开始认识到内容管理的重要性。

从企事业单位信息化的观点来看，信息的及时性和准确性、企业内外网统一的需求增长导致了市场对CMS软件的巨大需求。

1. 信息的及时性和准确性

无论在企业内网还是外网，信息的更新越来越快，企事业单位的信息生产量也越来越多，且呈现成倍增长的趋势，企事业单位需要一个功能强大、可扩展、灵活的内容管理技术来满足信息更新和维护的需求，这时如何保证信息的准确性和真实性将显得越来越重要。

2. 企业内外网统一的需求增长

随着企事业单位信息化的建设，内联网和外联网之间的信息交互越来越多。优秀的内容管理系统对企业内部来说，能够很好地做到信息的收集和重复利用以及信息的增值利用；对于外联网来说，更重要的是真正交互式和协作性的内容。

二、CMS的分类

根据不同的需求，CMS有几种不同的分类方法。比如，根据应用层面的不同，可以划分为重视后台管理的CMS、重视风格设计的CMS和重视前台发布的CMS。

三、CMS的功能

就设计CMS的出发点来说，CMS可使一些对于各种网络编程语言并不是很熟悉的用户用一种比较简单的方式来管理自己的网站。简而言之，CMS可以让用户不需要学习复杂的建站技术和太多复杂的HTML语言，就能够构建出一个风格统一、功能强大的专业网站。

其功能包括如下方面。

1. 信息发布

功能强大而操作简单的信息发布系统，将网页上某些需要经常更新变动的信息，如企业新闻、行业动态、企业大记事等信息通过共性集中管理，通过已有的网页模板格式和审核流程，最后系统化、标准化发布到网站上应用。它将大大减少网站信息维护更新的工作量，简化到只需输入文字和上传图片。

2. 商品发布

将网站上的产品标准化发布管理，后台可管理每个产品的编码、型号、价格、数量、产品介绍等详细信息，可自由设定产品分类；前台可分类别浏览产品及其详细信息，注册会员可在线订购产品。

3. 栏目管理

与前台网站结构相对应，可在后台自行添加、修改子栏目，通过已有网页模板格式标准化，只需输入栏目名称、选择对应的类型和模板就可完成子类的添加操作。

4. 资源生成

资源生成即网站资源批量生成系统。对于资源信息较多的网站，资源生成无疑是最大的工作量，批量生成可以有效地提高效率。资源生成系统支持整网站与单独频道生成，可按年、月、日或审核与未审核等条件进行需求生成。

5. 留言系统

留言系统也担负着网站对外宣传、发布消息、收集客户反馈信息的重任，是网站、单位内联网必不可少的一部分。

6. 会员系统

浏览者在线填写前台会员注册表，经管理人员审核后成为正式会员，会员可在前台登录并维护个人信息；管理人员可在后台查看以及增加、修改客户信息。会员注册可有效地为企业积累客户信息资源。

四、国内其他CMS版本

1. PHP CMS

PHP CMS网站管理系统是一个基于PHP+MySQL的全站生成HTML的建站系统，是经过完善设计并适用于各种服务器环境(如UNIX、LINUX、Windows等)的高效、全新、快速、优秀的网站解决方案，包括文章、下载、图片和信息4大功能模块，支持内容收费、广告管理和论坛整合，适合政府、学校、企业以及其他各种资讯类网站使用。

2. 织梦内容管理系统

国内最知名的开源网站管理程序DedeCMS由林学(IT柏拉图)编写。DedeCMS V5.3为其最新版本，基于PHP+MySQL的技术架构，通过新式数据缓存和调用索引查询技术，使网站在数据量极大时仍然能保持比较高的性能；在不使用副栏目的情况下，读取新列表使用了更优化的算法，即使使用动态列表，也能确保网站的性能良好。

3. 科汛(KesionCMS)

科汛CMS(KesionCMS)采用网络中已经成熟、稳定的技术ASP + ACCESS (SQL2000/2005)开发而成，用户利用本系统可以很方便地管理自己的网站。科汛CMS是一款由文章、图片、下载、分类信息、商城、求职招聘、影视、动漫(Flash)、音乐、广告系统、个人/企业空间、小型互动论坛、友情链接、公告、调查等20多个功能模块，并集成自定义模型、自定义字段等功能组合而成的强大、易用、扩展性强的开源网站管理软件，还可以和国内知名论坛及有API接口的各大系统进行完美整合，轻松实现用户在被整合的各系统里同时注册、同时登录、同时注销、一站通行等，可以满足各类网站的应用需求。

4. ROYcms内容管理系统

ROYcms是国内CMS市场的新秀，也是国内少有的采用微软ASP·NET 2.0和SQL2000/2005技术框架开发的CMS。ROYcms集文章、图片、分类信息、商城、广告系统、个人/企业空间、友情链接、公告、调查等10多个功能模块于一身，是一款简单易用、扩展功能强的开源网站管理软件。它充分利用ASP·NET架构的优势、全新的静态生成方案等功能和技术上的革新，塑造了一个基础结构稳定、功能创新和执行高效的CMS。

任务五 企业网站的设计要点

网页作为信息传播的一种载体，同其他出版物在设计上有很多共通之处。一个企业在网络中建立自己的网站，通常具有一定的目的性。例如，有些企业主要借助网站宣传自己的品牌和形象，有些企业则主要借助网站展示自己的产品或服务，还有的企业想通过网络销售自己的商品。根据这些信息，可以初步确定企业对网站的要求是集中在设计方面还是集中在功能方面。

根据企业的建站目的，可将企业网站分为以下4类。

1. 以产品展示为主的企业网站

图7-27　以产品展示为主的企业网站

以产品展示为主的企业网站，无论是网站的色彩还是网页布局方面，都必须突出产品，以展示为中心，如服装行业、汽车行业、化妆品行业的企业网站等。该类网站可以依据产品的特点突破传统的网页布局，设计出简约的网站风格，给人以较强的震撼力。如图7-27所示，该网站首页用Flash制作，几幅图片按序进行切换，体现了服饰这一主题，整体色调用灰色，体现了服饰品牌的大气、优雅。

2. 以形象为主的企业网站

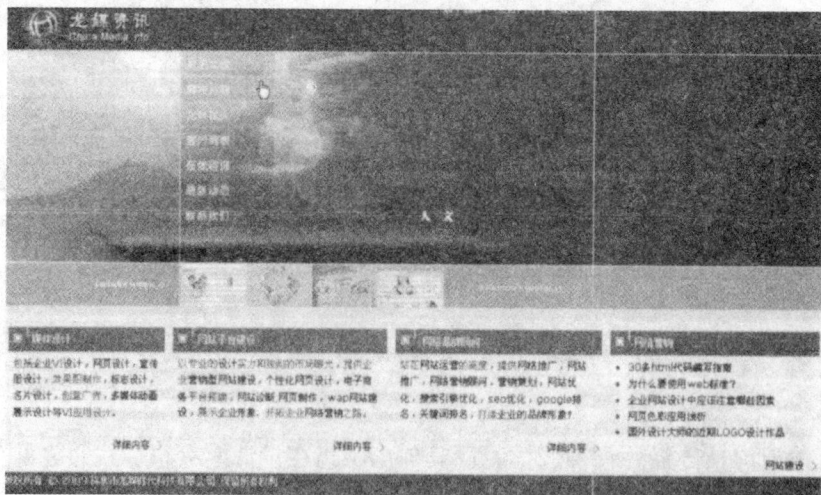

图7-28　龙媒资讯网站

以形象为主的企业网站主要通过网站来进一步宣传企业的品牌和形象，扩大业务范围。这类企业多是一些集团式的大型企业或一些有名的广告设计公司等。

与一般的企业网站不同，这种类型的网站更像是一幅平面作品，功能性是次要的，关键是要与众不同，让人印象深刻。如图7-28所示为龙媒资讯的网站，其配色以红色、灰色为主色调，视觉冲击力极强。

3.信息量较大的企业网站

图7-29　信息量较大的企业网站

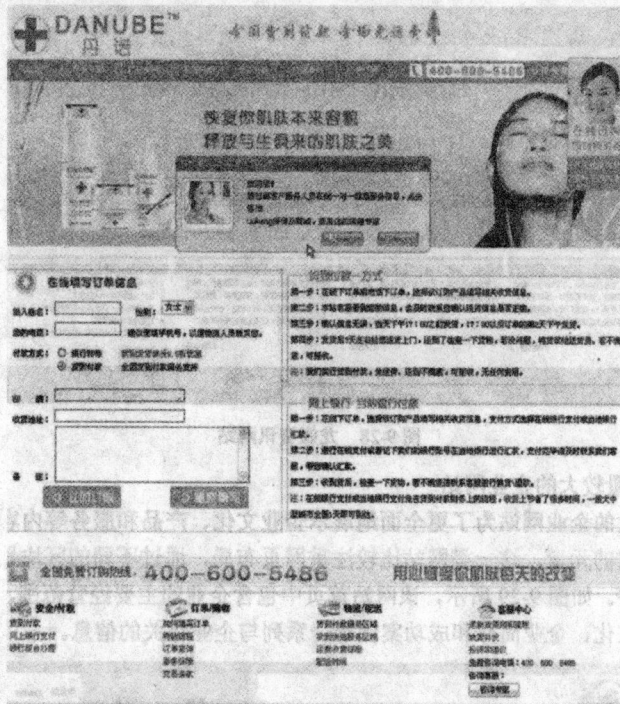

图7-30　支持网上购物的企业网站

信息量较大的企业网站为了更全面地展示企业文化、产品和服务等内容，通常会在页面中植入较丰富的元素。这一类网站比较注重网页布局，通过不同的区块划分尽可能多地展现企业的优势。如图7-29所示，该网站首页中包含企业的主要经营范围、主要作品、企业新闻、企业文化、企业简介和成功案例等一系列与企业相关的信息。

4. 支持网上购物的企业网站

网上购物是一种流行趋势，消费者足不出户便可买到自己喜欢的商品。支持网上购物的企业网站通过网站进行产品销售，是典型的电子商务类站点。这一类网站在设计时主要侧重在线购物功能的实现，设置有产品展示、在线交流、支付账款等板块，如图7-30所示。

习题与思考题

1.安装IIS。

2.将素材中的news.rar解压到硬盘，并将其配置为默认网站。

3.浏览网站首页，登录后台。

4.制作网站首页。

5.为首页添加调用代码。

6.在后台添加测试分类及内容数据。

7.测试首页。

8.制作分类列表页和内容显示页模板。

项目八　商务网站原创内容制作

【项目提要】

　　小王所在网站的栏目要进行一次有关淘宝创业的访谈活动，经理要求小王负责此次采访的策划和实施工作。经理布置给小王及其团队几项任务，要求他们选用合适的采访方法采集有关信息，并根据网站及受众的需求确定报道主题，撰写文章并及时进行报道。通过本项目学习，要求掌握如下要点：了解网络原创内容的形式及特点，常用采访方式及特点。熟知网络稿件(消息)的结构，理解网络稿件(消息)的写作要求。掌握实地采访、电话采访、电子邮件采访、即时通信工具采访、BBS和聊天室采访的具体方法和过程，网络稿件(消息)的写作方法和技巧。

【项目分析】

图8-1　商务网站原创内容制作业务

1.商务网站原创内容的形式

　　内容对于网站来说就是灵魂，丰富的内容是网站生存与发展的关键。持续不断地提供原创信息是网站提高自身知名度和网民关注度的重要手段之一。为了制作出原创内容，就需要先了解网站原创信息呈现的形式以及网站进行内容原创的方式。

2.如何实施采访

采访必须反映客观事物、事件的原貌。通常可以通过实地采访、电话采访、电子邮件采访、聊天室或BBS采访等方式获得事实材料，从而为网站原创内容的创造提供材料支撑。可以根据采访目的及被采访者的相关情况来选择采访方式，并根据各种采访方式的特点做好前期准备及策划工作，以便为采访的顺利实施打下基础。

3.网络原创稿件撰写

网络原创稿件不仅要求准确、清晰、生动，还要求简洁、直白，具有可扫描性。可以依据所收集的资料，按照确定文章主题→分析、整理采访阶段的资料→选择文章的表述方式→拟出提纲、安排结构→起草正文→检查、修改文章等步骤来撰写文章。

任务一　认识商务网站原创内容的形式

网络原创信息是指并非转载传统媒体或其他网络媒体的信息。一个媒体网站如果仅仅是进行信息的搬运工作，就不可能占据网络之战的制高点。随着国内网络媒体采访权限的逐渐放开，网络信息原创已经包括了采、写、评的全过程。

一、确定网络文稿的体裁形式

1.了解网站原创内容的形式

【案例】

小王的同事小薛提供了一个消息：他的同学贾刚大学毕业后开了家淘宝店进行自主创业，2年后他的淘宝店每月就有2万多元的盈利了。这是一个比较成功的利用淘宝自主创业的案例，小王的领导觉得这个案例比较有意义，可以为即将毕业的大学生提供一条就业的渠道，他要求小王负责对小贾的采访工作并撰写一篇相关报道。为了完成此项任务，小王首先需要确定所撰写文章的体裁形式。为此，小王通过浏览其他典型商务网站及资讯门户网站的内容，归纳出了商务网站稿件常用的体裁形式。

(1)网络原创新闻。主要包括以下体裁形式。

①消息。一般报道事实比较单一，突出最新鲜、最重要的事实，文字简洁，时效性最强。

②通讯。是一种比消息更详细和生动地报道客观事实或典型人物的新闻体裁，

它以叙述和描写为主，兼用议论、抒情等表达方式，及时报道现实生活中有影响的人物、事件、工作经验和地方风情等。

③特写。以描写为主要手法，它抓住新闻事件、新闻人物、某些重要场面，或者具有特殊意义的一两个片段，用描写手法给予集中的、突出的刻画，给人们留下深刻、鲜明的印象。

④评论。是一种对最新发生的新闻提出的一定看法和意见的文章，是就当前具有普遍意义的新闻事件和重大问题发表议论、讲道理，有着鲜明的针对性和指导性的一种政论文体，是新闻媒介中各种形式评论的总称。

其中，最有代表性的网络原创新闻形式是消息，如中国化工网上的一则资讯信息，其内容如图8-2所示。原创新闻强调的是深入实际、深入群众、深入现场、深入生活和第一手材料及生活气息，有独特的判断、思想、观点、感情是对新闻记者的基本要求。记者需要认认真真地花苦功夫，才能以实实在在的材料和准确贴切的观点取胜。

需求疲软可能会抑制亚洲甲醇价格上涨

http://china.chemnet.com　2012年08月14日 09:10:56 中国化工网信息员饶红专稿 【大 中 小】

生意社化工行业俱乐部	生意社橡塑行业俱乐部
生意社市场中心成立	中国化工网调研中心全面升级

生意社8月14日讯　据报道，由于亚洲需求疲软，马来西亚的装置停机造成的供应中断或对亚洲现货甲醇价格影响不大。据ICIS，7月27日亚洲甲醇价格为360-370美元/吨CFR东南亚以及355-365美元/吨CFR东北亚地区，与前一周保持稳定，也是2011年6月中旬以来的最低水平，远低于去年10月的峰值价格415美元/吨。

此前一天，7月26日马来西亚国家石油公司位于Labuan的66万吨/年甲醇厂因为爆炸事故和火灾不得不关闭该甲醇生产装置。据悉，此次爆炸事故还造成Labuan码头设备破坏，市场预测此次停机可能对亚洲甲醇市场影响有限，目前亚洲甲醇整体需求估计超过3000万吨/年的需求。

中国化工网信息投诉及合作热线：　0531-62311938

【打印】【关闭】

文章关键词：亚洲　甲醇

图8-2　中国化工网上的一则报道

(2)网络原创文学。主要包括以下体裁形式。

①诗歌。它以高度凝练的语言形象地表达作者丰富的思想感情，集中反映了社会生活，并具有一定的节奏和韵律。

②小说。是一种叙事性的文学体裁，它以刻画人物形象为中心，通过完整的故事情节和环境描写来反映社会生活。

③散文。是一种没有严格的韵律和篇幅限制的文学形式，它的特点是“形散神不散”。

④戏剧。主要通过不同角色之间的对话来表达作者的思想和感情。

其中，最具代表性的网络原创文学形式是网络小说，如网易原创频道中的原创文学栏目，其栏目首页如图8-3所示。

图8-3　网易原创文学栏目

2.确定撰写稿件的体裁形式。

【案例】

小王了解了网站原创内容的形式后，确定使用消息体裁形式来撰写采访稿件。消息是指报道事情的概貌而不讲述详细的经过和细节，以简要的语言文字迅速传播新近事实的新闻体裁，也是最广泛、最经常采用的新闻基本体裁形式。

二、确定网站进行内容原创的方式

1.了解网站内容原创的方式

【案例】

图8-4　艾瑞网的"专栏"频道首页

　　通过浏览典型商务网站及资讯门户网站的原创信息内容，小王总结出可以通过以下方法来创作原创内容。

　　(1)资源整合。网站自己的编辑队伍通过各种渠道对内容进行发掘、收集，并进一步加工、整理，如现在很多网站采用的收看实况转播，同步编发专稿。

　　(2)约稿。特约比较有影响力的评论员在网站开设专栏，或者建立一支写作队伍，负责评论栏目。艾瑞网的"专栏"频道首页如图8-4所示。

　　(3)自采自写。网站可组织人员对社会的热点事件、网民的关注点等进行追踪报道。亿邦动力网中的一篇自采自写信息如图8-5所示。

　　(4)翻译国外文献。找出一些与网站相关的外文内容，然后翻译出中文进行发布。艾瑞网编译的一篇原创文稿如图8-6所示。

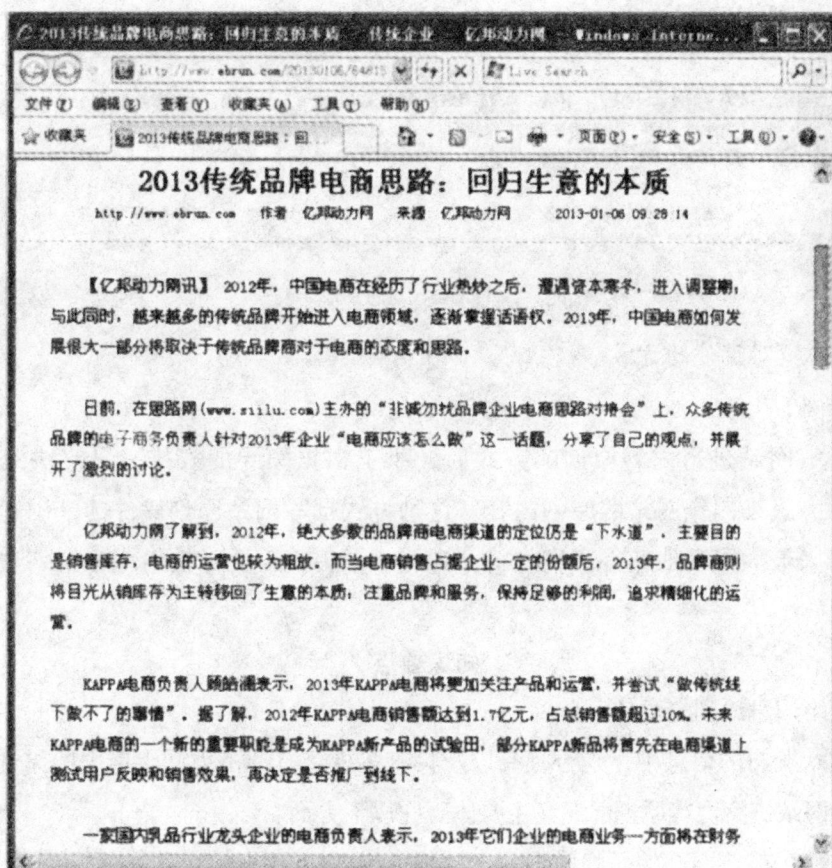

图8-5　亿邦动力网中的一则信息

图8-6 艾瑞网编译的一篇原创文稿

2.确定撰写稿件的方式

【案例】

在了解网站进行内容原创的方式后，小王根据领导的安排，最终决定实施自采自写的方式来制作网站的原创内容。这种方式撰写网站原创稿件的基础和前提是通过采访来最大限度地获得事实材料，为此，小王就需要尽快组织和策划这次访谈活动。

知识要点

(1)网络信息原创的意义。

在网站发布的信息中，是否具有以及具有多少富有冲击力和渗透力的原创信息至关重要。网站进行内容原创的意义主要体现在以下方面。

①有助于打造网站的品牌影响力。品牌影响力对于网站来说是一种资源与力量的整合。而品牌的价值在于它的与众不同，在于不断创新。所以原创性信息是提升媒体品牌影响力最有效的途径之一。

②有助于吸引和稳定用户。用户需要的是有价值的信息，他们对于千篇一律的没有实际内容的网页并无兴趣，唯有持续不断的原创内容才能够促使用户访问网站。优

秀、丰富的原创内容不仅能培养忠诚的用户群体，用户群体的增大反过来还会使原创内容的作者受到鼓励，进一步创作出更多更丰富的原创内容，从而使网站进入良性的循环。

③有助于网站从众多竞争对手中脱颖而出。人们往往会用"人无我有，人有我优"这句话来概括核心竞争力的要义。目前，网络媒体竞争激烈，相互抄袭、转载、拼凑的现象非常普遍。没有原创性信息，何谈"人无我有，人有我优"？更不用说建立核心竞争力了。

(2)网络原创内容的特点。

①超文本链接方式。该方式能够把信息网络编织得更加紧密，使各类信息内容能够天衣无缝地融为一体。

②时效性强。网站所发布的信息是即时的，且不受时间的限制，即所谓全天候的发稿方式。网络信息绝大多数是以分钟为单位来更新的，随时上网随时提取有用的即时信息。

③信息多媒体化。网络媒体能够同时以视频、音频、文字、动画等形式，从多角度向人们描述事件，所以利用多媒体的手段已经成为网络媒体进行信息报道的一个重要发展方向。

④互动性强。网络媒体作为新媒体的代表，互动性一直被认为是其最主要的特征。在网络上，可谓"传者即受者，受者即传者"。

(3)网络原创内容的来源途径。

网络原创内容的来源主要有以下途径。

①通过商务网站的原创栏目或板块来获取原创内容。目前，各网站都非常重视原创内容。原创内容往往会被重点推荐，或是形成一个独立的频道或栏目、板块进行展示。网易科技频道中的原创栏目页面如图8-7所示。

②通过没有被搜索引擎收录的网站获取原创内容。没有被搜索引擎收录的网站主要是一些只有登录才能查看信息的网站，如QQ空间、人人网、开心网等SNS类型的网站。此外，那些百度蜘蛛抓取不到的内容也可视为原创内容，如视频网站中对视频的评论、视频图片上的文字及动画上的文字、Javascript调用等内容。

③通过社区、论坛等获取原创内容。如百度贴吧、天涯社区、淘宝论坛等，这类网站的用户往往因共同的话题而聚集在一起。淘宝论坛首页如图8-8所示，其中的内容很多都是原创的。

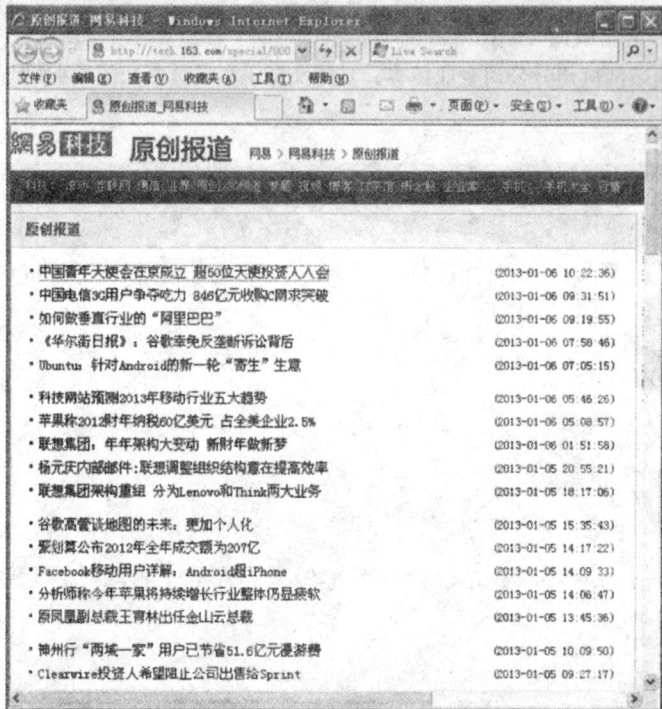

图8-7 网易科技频道原创栏目页面

图8-8 淘宝论坛首页

④博客、微博。如Twitter、新浪博客、新浪微博等。新浪网海尔企业微博(http：//e.weibo.com/haierexpo)首页如图8-9所示；中国制造网杭州分公司企业博客，其博文资讯栏目页面如图8-10所示。

图8-9 新浪网海尔企业微博首页

图8-10 中国制造网杭州分公司企业博客的博文资讯栏目页面

⑤通过下载网上的电子资源获取原创内容。电子资源往往是做了版权保护的，通常是PDF格式的。

任务二 实施采访

一、约访

1.明确访谈目的

【案例】

获取事实材料是网络文稿写作的前提和基础，是构成文章内容，形成、支撑和表达文章主旨的依据。小王接到任务后马上就投入工作中，对这次采访进行了精心准备和策划。他先初步确定了采访的目的——针对大学生淘宝创业提出建议。

2.访谈预约

【案例】

小王通过小薛得知了小贾的手机号码，就给小贾打电话联系采访的事情。小王打电话时，先进行了自我介绍，并说明了采访的意图，然后征询小贾的意见。小贾考虑到自己的创业经历能够为大学生进行淘宝创业带来一些启示，这件事是很有意义的，就决定接受采访。之后小王和小贾约定了访谈的时间、地点、方式及访谈的主题，并对是否可拍照、访谈时间的长短等也征询了小贾的意见。小贾表示可以拍照，访问时间大约为40分钟。访谈的说明如表8-1所示。

表8-1　访谈的说明

采访形式	面谈采访				
采访对象	贾刚，自主创业淘宝店主		采访地点	小贾工作地	
采访时间	2012-12-04	起始	14：00	结束	14：40
目的	结合创业经历，为大学生淘宝创业提出建议				

为了更好地熟悉与接近采访对象，小王通过电话、邮件、QQ等方式与小贾建立了联系，从而为日后的面谈采访打下了基础。

3.成立采访小组

【案例】

为了保证访谈活动的顺利进行，小王成立了采访小组，设有3名成员，并明确了每个成员的分工。每个成员的具体分工如表8-2所示。

表8-2　采访小组成员及分工

序号	成员	主要工作
1	小王	采访小组的负责人，统筹安排工作，负责采访的沟通和提问
2	小张	负责拍摄及协调等工作
3	小刘	负责采访记录以及资料的收集和整理等工作

二、采访准备

1.收集资料

【案例】

为了在有限的时间里获得报道所必需的资料，采访小组需要在采访前做好充分的准备。为此，小刘负责收集相关资料，小王负责草拟访谈提纲，小张负责照相设备的检查及采访环境的了解。小刘主要收集了以下方面的资料。

(1)收集与采访话题有关的资料。了解有关网络购物的发展现状、C2C电商的发展现状、大学生淘宝创业的现状以及人才培养等资料。这些资料可以帮助采访小组了解相关领域的基础知识。如果对相关领域一无所知，不仅会阻碍采访的深入，而且可能使采访无法进行。

(2)收集采访对象的相关资料。主要包括个人基本情况、工作业绩等。这些资料能够帮助采访小组对采访对象小贾有一个基本认识，以便在采访中进行交流与沟通，也可以帮助小王在采访时找到提问的切入点。

2.设备检查及了解采访环境

【案例】

在采访前，采访小组还需要检查采访工具、熟悉采访环境等。这些采访前的准备工作可以让采访者在采访中抢占主动权。

(1)为了保障采访的顺利进行，为采访过程做好铺垫，小张在采访前检查和调试了照相设备。

(2)为了了解采访环境，小张决定提前2个小时到达采访地点，以便熟悉采访环境。

3.准备访谈提纲

【案例】

阅读收集的资料后，小王针对访谈的主题先草拟了访谈问题涉及的方面及可能的问题。在设计采访提纲时，通常应该循序渐进，引导采访向不断深入的方向发展。小王设计的访谈提纲主要包括以下内容。

(1)开始——何时开始考虑自主创业?是如何着手的?你是如何拉来顾客和留住顾客的?

(2)障碍——遇到过哪些困难?目前的阻力是什么?与顾客是否产生过矛盾?

(3)解决——是如何解决矛盾的?你开网店的成功秘诀是什么?

(4)目标——你要实现的目标是什么?有何计划?

(5)建议——你对新手如何确立创业的目标有何建议?对大学生创业有何建议?

之后，采访小组经过商讨，确定了访谈问题。具体内容如下。

(1)寒暄的问题：最近过得怎样?工作状况如何?

(2)正式的问题，如表8-3所示。

表8-3　访谈的正式问题

序号	问题
1	何时开始考虑自主创业?
2	当你做了这个决定之后,是如何着手的?
3	你是如何给你的网店拉来顾客和留住顾客的?
4	淘宝创业过程中遇到过哪些困难?目前最大的阻力是什么?
5	你开网店的成功秘诀是什么?
6	在经营店铺时,有没有和顾客之间产生过矛盾,你是怎么处理的?
7	接下来的目标是什么?
8	你对新手如何确立创业的目标有何建议?
9	你的经历会鼓舞许多大学生的创业热情,对他们你有好的建议吗?

4.其他准备工作

【案例】

为了顺利完成采访工作,采访小组还分析了采访过程中可能出现的问题及需要注意的问题,并制定了相应的解决办法。

(1)实施中可能面临的问题及其解决办法。

采访如有变动,可以采用第二方案。第二方案主要是协调访谈时间、地点或改变访谈形式等。

照相设备临时出现问题,可以使用预备的照相设备。

(2)需要注意的问题,主要包括以下方面。

①采访时注意服饰要得体,这样不仅可以赢得采访对象的尊重,也可使采访者充满自信。

②采访时注意对主题的把握,尽量不要离题,注意时间的控制。

③采访时注意尽量与采访对象形成互动交流。

④采访时注意自己的表情和语速,说话要清晰和明了。

⑤采访时遇到不清楚的地方要及时提问,避免主观编造和添加。

⑥采访时应注意遵守时间、讲究礼貌、信守承诺等。

三、正式采访

1.开始采访

小王先向采访对象小贾介绍自己以及整个团队,之后说明此次采访的目的,接下来小王就可以提问了。在采访中不但要善于提问,还要善于察言观色。只有全面收集采访中的各种信息并加以综合利用，才能获得更好的报道效果。

2.正式提问及作答

【案例】

采访正式开始后，小王进行提问，小贾作答，小组其他成员做好采访记录及拍照工作。在采访过程中，小王负责提问，小刘负责记录。以下是小刘对此次采访做的记录。

(1)何时开始考虑自主创业?

贾刚：在大学期间，自己学的专业就是电子商务，有电子商务、网络营销方面的知识和操作技能，同时也想亲自实践，所以决定先开个淘宝店。关键是开淘宝店需要的启动资金比较低，比较适合大学生。

(2)当你做了这个决定之后，是如何着手的?

贾刚：先确定销售的产品及受众群体，由于我的定位是大学生群体，所以我觉得销售各种小饰品、布包比较适合。

(3)你是如何给你的网店拉来顾客和留住顾客的?

贾刚：首先是通过淘宝的一些推广工具，凡是能提高店铺流量的工具，都会去尝试使用。再者就是通过自身产品的性价比以及服务来赢得更多的顾客，而且对待顾客要真诚，这样就会留住顾客。

(4)淘宝创业过程中遇到过哪些困难?目前最大的阻力是什么?

贾刚：主要是资金、进货渠道，此外，与客户进行沟通也需要一些技巧，目前最大的阻力来自物流配送方面。

(5)你开网店的成功秘诀是什么?

贾刚：产品及受众群体定位比较准吧，还有就是努力坚持，尤其处于瓶颈期的时候，特别需要坚持。

(6)在经营店铺时，有没有和顾客之间产生过矛盾，你是怎么处理的?

贾刚：偶尔有不理解的顾客找麻烦，我从不让顾客感觉吃亏或上当受骗，一旦有矛盾都是退款，即使有不愉快。

(7)接下来的目标是什么?

贾刚：短期的目标是在两年内达到一定的信用等级。虽然困难很多多，但是只要努力，一定会达到目标的。

(8)你对新手如何确立创业的目标有何建议?

贾刚：对于新手，最重要的是放松心态，不要急功近利。万事开头难。首先要做的就是坚持，接着就是每天制定目标，每天进步一点点，过段时间再回头看，你会发现已经前进一大步了。

(9)你的经历会鼓舞许多大学生的创业热情，对他们你有好的建议吗?

贾刚：如果他们在大学期间就有创业想法的话，一定要尽快行动起来进行实践，没有实践就是纸上谈兵。实践可以从勤工俭学开始。每个人都可以开发自己的潜力，开发他对这个世界的认知、思考，最重要的就是去做、去试验、去实践，真正动起来的人才知道难不难、难在哪里。还有就是一定要做自己感兴趣的工作，这样你在遇到困难时才不容易动摇，才愿意克服一切困难坚持下去。

在采访的过程中，小张负责拍照。小张需要综合考虑景别的选取、拍摄的角度和方位的选择、拍摄光线的选择、画幅安排及画面的构图设计等因素，这样才能拍摄出从内容到形式都较完美的照片。在拍照过程中，小张采用了水平方向的拍摄角度，从正面和侧面等方向进行了拍照，各拍了10张左右的照片。

3.采访结束

【案例】

小王感谢小贾对大学生自主创业给出了很好的建议，这些建议将会引导大学生们进行认真的思考，对自己进行比较理性的分析。

采访结束后，小王赠送小贾一个小礼物，表示对小贾参与此次采访的感谢。

之后，采访小组进行采访资料的整理，准备开始撰写相关的报道。

知识要点

1.采访方式

(1)实地采访。实地采访，也称面对面采访，是指记者直接与采访对象进行面对面的交流，或者通过亲临现场调查、访问和观察，从而获得能够形成新闻稿件的素材。采访活动是新闻报道的第一个环节，如果这个环节出现问题，后面的一切活动都会失去意义。因此，实地采访的重要性需要得到广大记者的充分重视。

①要确有其事，主要是针对假新闻泛滥而言的，因为很多假新闻只是无中生有、凭空捏造。

②保证构成新闻的基本要素准确无误。

③新闻中引用的数字、史料等背景资料必须准确无误。

④新闻所反映事实的环境、条件、过程、细节及人物的语言、动作必须真实。

⑤尊重当事人所述事实，真实反映当事人的思想活动和心理活动。

(2)电话采访。电话采访，是指记者借助电话与采访对象交谈，从而获得所需新闻素材的一种采访方式。

①电话采访的优点。

A.电话采访方便快捷，可以突破空间限制，节省大量时间、人力和经费。

B.对于突发性事件的采访，电话采访具有其他采访形式不可替代的作用。电话采访不受时间、空间限制，即使相隔很远或者用其他采访方式难以进行采访的特殊环境下，都可以进行电话采访。

C.电话采访容易获取独家新闻。采访对象因在公共场合或受情绪影响，不愿回答某些问题，在记者难以获得私下约见的机会时,电话采访就成了唯一途径。

②电话采访的缺点。

A.电话采访不可能长时间进行，也不可能与多人同时讨论。所以记者依靠电话采访很难写出深度报道。

B.在进行电话采访时，记者无法做到察言观色，无法了解采访对象所处的环境。所以进行电话采访时，记者把握整个采访过程的能力没有实地采访强。

C.由于电话采访主要是运用语音信号同采访对象进行沟通的，因而有时难以判断采访对象向记者提供新闻素材的真实程度。

D.电话采访的拒访率比较高。

(3)电子邮件采访。电子邮件已被广泛用在新闻采访中，已经成为记者采访的主要工具之一。

①电子邮件采访的优点。

A.电子邮件采访克服了电话采访即时思考的弊端，得到的信息和思想是被采访者成熟思考的结果。电子邮件采访还拓宽了采访的范围，可以采访那些语言表达或听力不太好的人，或者那些不容易联系上的人和繁忙的政府官员，还有那些居住在遥远偏僻地方的人。

B.邮件合并功能可使针对同一内容的采访信件对不同的采访对象分别进行采访。当邮件需要批量制作，且邮件中待填写的部分(姓名、单位等)来自现成的数据表时，利用邮件合并功能可以简化工作量。

C.电子邮件具备附件功能，既可以发送文字信息，又可以发送图片、声音等多媒体文件。

D.电子邮件提供的文字是实实在在的，可以防止因错误引用而引起的麻烦，甚至诉讼。

②电子邮件采访的缺点。

A.电子邮件的回收率低，经常会出现没有答复的情况。

B.电子邮件采访不如传统采访那样透明和可靠。因为电子邮件采访是经过思考的、非自然的真实交谈，其所涉信息是经过加工和过滤的信息，不一定符合事件的本来面目。

(4)即时通信工具采访。即时通信工具独有的互动性和私密性可使记者的采访过程变成轻松的聊天，可以深入地探讨一些问题，如情感类的问题就比较适合采用这种方式采访。在使用即时通信工具进行采访时，采访者需要通过谈话的综合信息来把握对方的真诚度。更要注意，采访过后应及时整理采访资料，并对其真实性做进一步的核实。目前，国内比较流行的个人即时通信工具主要有以下两种。

①腾讯QQ，是腾讯公司1999年2月推出的基于互联网的即时通信软件，支持在线聊天、视频电话、点对点断点续传文件、共享文件、网络硬盘、自定义面板、QQ邮箱等多种功能。腾讯QQ还可与移动通信终端等多种通信方式相连。目前，腾讯QQ已成为国内用户最多的个人即时通信工具。

②移动飞信，是中国移动推出的综合通信服务，融合语音(IVR)、GPRS、短信等多种通信方式，覆盖完全实时、准实时和非实时三种不同形态的客户通信需求，实现互联网和移动网间的无缝通信服务。

(5)聊天室或BBS采访。目前，很多BBS和聊天室邀请一些嘉宾和网友就某些方面的问题进行交流。聊天室与BBS采访具有以下特点。

①可以对新闻进行及时点评。各种新闻事件发生后，立即就有人在网上发布评论。

②采访过程交互性强，舆论效果更佳。在聊天室中，嘉宾和网友可以直接对话，有助于对某些观点进行深入讨论和达成共识。

③指导性、实用性强。如健康专题论坛、股市行情聊天室等。

2.实施采访

(1)实地采访中提问的方式。提问方法对于实地采访至关重要。

基本的提问方法主要包括以下几种。

①正面提问。又称直接提问、开门见山法或单刀直入法，它是一种基本的提问类型。这种提问方式使双方的谈话在很短的时间内切入正题，无须拐弯抹角。在讲明采访目的和要求以后，直截了当地提出问题请采访对象做出回答。

②侧面提问。又称迂回提问法、旁敲侧击法。当实地采访中遇到某些问题不便直截了当提出时，记者可以先从侧面入手，采用聊天的形式迂回一下绕个弯子，提些表面上似乎与访问无关的问题，然后再不动声色地悄悄进入话题。

③设问法。即设定前提进行提问。记者对采访对象、采访事件进行合乎规律、合乎常理的预测、假设、推断，然后提出一些假设性的问题；或者明知故问，以使对方放松警惕，进而获得采访对象对事物的真实想法。

④追问法。即打破砂锅问到底，问题具有跟进性，抓住采访对象谈话中的线索追下去，直至得到自己满意的答案为止。对于追问来说，吸引采访对象的注意，让其开动脑筋、产生兴趣尤为重要。

⑤激问法。又称激将法，即提出比较尖锐的问题刺激对方，切中其要害，从而引起采访对象的重视，甚至会使采访对象迫不及待地澄清事实。

(2)电话采访。一般来说，电话采访需要遵循以下操作原则。

①采访前预先准备，拟出要提的问题。电话采访与实地采访不同，由于时间紧迫、回旋余地少，记者很难见机行事。所以，采访中力求提问简明扼要，以便对方理解和答复。因此，电话采访需要事先准备有关采访对象的书面资料，并写出待问的问题。

②采访中边听边记。电话采访的特点是转瞬即逝，不容你反复推敲。所以要边听边记，养成随时记录的习惯。如果需要录音，应首先争取采访对象的同意。

③核实。电话采访最大的弊端就是误差较大，这种误差有时是采访对象刻意放大或缩小所致，有时是记者主观上的耳误所致。所以，在形成第一手的采访资料后，一定要再进行核实，尤其是涉及人名、地名、数据、时间、专业名词等，以保证资料准

确无误。

实施电话采访时，需要注意以下问题。

①在进行电话采访时，要讲究礼貌，及时说出自己的身份、姓名和单位。

②确定采访对象是否方便接听，是否有时间通话，并说明采访的重要性和必要性。

③注意语言措辞要切合身份，不能太过随便，也不可太过生硬。

④要适时结束通话，通话时间过长会浪费对方的时间。

(3)电子邮件采访。实施电子邮件采访时，需要注意以下几点。

①要有一个好的标题，在标题中要清楚地点明采访主旨，吸引采访对象点击阅读。如果没有标题或者标题只是简单的寒暄，很可能被对方当作垃圾邮件删除。

②提出问题之前，首先对自己和所在媒体单位进行简短的介绍，表达采访意愿，说明采访原因，使对方了解采访的重要性以及对他个人或者公司的影响，吸引对方接受采访，并做出回复。

③问题要简明扼要，直接切入主题。多从背景资料上得到信息，不要重复提问。重点提问需要他本人回答的问题。

(4)聊天室或BBS采访。聊天室或BBS采访需要注意以下几点。

①聊天室或BBS采访由记者或编辑来控制采访过程，记者、编辑充当主要提问人，网民所提出的问题，也由他们筛选后再转提。

②对网民与嘉宾的交流不做任何干预，只是记录交流过程。这时，交流过程实际上是由网民来控制的，他们提出的问题、对嘉宾回答的反馈，将直接推动着整个进程。这种交流本身也可以看作一种新闻事件。

③记者作为众多网民中的一员，通过积极主动的参与来获得自己需要的信息。这时，在众多的提问者中，记者只是其中的普通一员。

BBS或聊天室采访就像是记者组织的一场新闻发布会，众多网友对一个新闻发言人提问。只要问题提得恰当，就能够引起嘉宾的注意并认真回答，再结合嘉宾的其他谈话，就可以写出需要的报道信息。

3.拍摄照片

照片的拍摄是一个整体的构思和创作过程，需要综合考虑各方面的因素。这些因素主要包括以下方面。

(1)摄影景别的选取。景别不仅说明了取景范围的大小，也表现出主体与背景及其他陪体之间的关系。通常将景别分为远景、全景、中景、近景、特写五种，这五种景别的拍摄范围是逐渐减小的。不同的景别可以引起观众不同的心理反应：全景有助于表现气氛，特写适合于表达情绪；中景适合于人物交流；近景则侧重于揭示人物的内心世界。

(2)拍摄角度和方位的选择。拍摄的角度和方位不仅决定了对拍摄对象特定的表现角度，对于情绪的传达也起着一定的作用。拍摄角度一般分为平拍、俯拍和仰拍；拍摄方位一般分为正面、侧面、斜侧面、背面等。

(3)拍摄光线的选择。拍摄照片时，拍摄对象受光面不同，拍摄的效果也不同。通常根据光线的照射方向可将拍摄分为顺光拍摄、侧光拍摄、逆光拍摄和顶光拍摄等形式。

(4)画幅的安排。照片可以有横画面和竖画面两种画幅。在进行照片的拍摄时，需要根据画面中的主线，主体的移动方面，主体与陪体、环境的关系来选择画幅的形式。

(5)画面的构图设计。摄影构图是为了表现画面的主题思想，而对画面上的人或物及其陪体、环境做出恰当、合理、舒适的安排，从而达到使主体形象突出、主体和陪体之间的布局多样统一、照片画面疏密有致，以及结构均衡的艺术效果，使主题思想得到充分、完美的表现。

任务三　撰写商务网站稿件

一、了解网络稿件的结构及撰写要求

1.了解网络稿件的结构

【案例】

通过采访已经收集了很多的资料，小王就着手考虑撰写文章。之前小王已经确定了文章的体裁形式为消息，那么小王就需要先了解消息的结构。为此，他先浏览了一些典型商务网站以及资讯门户网站中的文章，并对消息的结构形式进行了分析。如中国电子商务研究中心网站(http://b2b.toocle.com)中的一则报道，具体内容如图8-11所示。该文章整体结构采用了重要内容在前、次要内容在后的形式；在导语中，表达了该文章中最重要的信息；文章主体中使用两个小标题"综合实力成未来电商平台竞争决定性因素""电商平台提升综合实力需加强服务与用户体验"，重点突出了文章主题。

在浏览网站信息的过程中，小王初步了解了消息的结构。消息的结构主要有外部结构和内容结构之分。

(1)消息的外部结构，即消息的外部形态、整体结构。主要有以下形式。

①倒金字塔结构形式。就是把重头戏放在开头第一段，它以事实的重要性程度或受众的关心程度依次递减的次序，先主后次地安排消息中的各项事实内容。

②时间顺序式结构。就是完全按事件的发生、发展、高潮和结局的顺序来写。由于

消息中最重要的部分难以让受众一目了然，受众要耐心读完全文，才能了解事件真相。

③悬念式结构，又称沙漏式结构。消息的开头常常是一个悬念式导语，巧妙地点出最精彩或最重要的新闻事实，先吊起受众的胃口，然后按照事件发生、发展的顺序写作。

④并列式结构。消息中所述事实的重要性大致相等，难分伯仲。消息通常由一条概括式导语领起，新闻躯干部分的几个自然段呈并列结构，既条理清晰，又能让人一眼便看出并列的内容具有同等重要的意义。

(2)消息的内部结构，主要有标题、电头、导语、主体、结尾等部分构成，如图8-11所示。

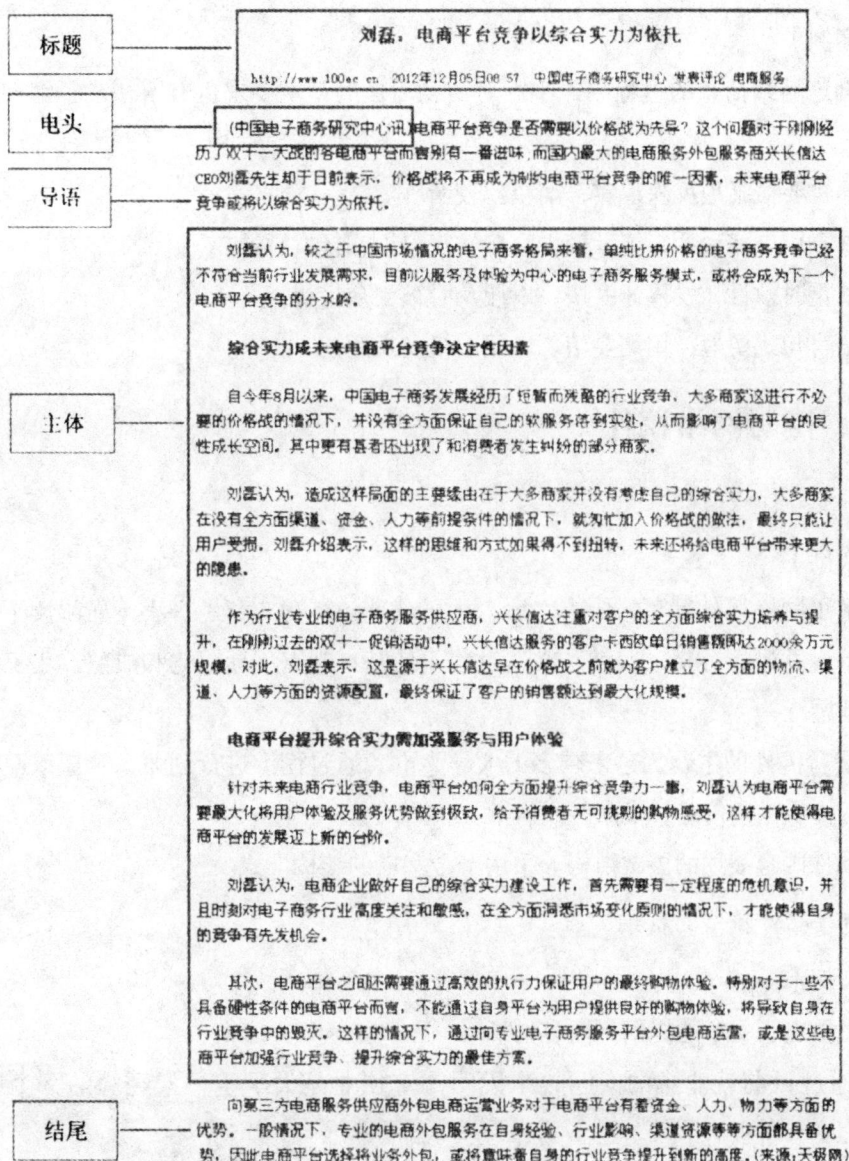

图8-11 中国电子商务研究中心网站的一则报道

191

在确定撰写的消息结构时，小王主要考虑了以下方面的问题。

①要根据内容本身所具有的特点来选择、确定消息结构形式，形式总是服务于内容的。

②要统筹兼顾。消息导语、躯干、背景等，都是一个有机的组成部分，要统筹兼顾，相互呼应。同时，行文要讲究上下贯通。

③要匠心独运。应该掌握消息的写作格式，但不可墨守成规，要根据实际情况加以变革、变通与创新。

2.了解网络稿件撰写的要求

【案例】

在浏览网站信息的过程中，小王对消息写作的基本要求也有了初步了解。主要包括以下要求。

(1)通常要概括地反映事实，篇幅比较精练。

(2)注重用事实说话，记者较少直接发表议论或抒发感情。

(3)注重时效性，发稿速度快，以便及时被受众接受。

(4)语言句式要短，用词要精，以便网络受众阅读。

二、撰写网络稿件

1.明确稿件撰写的主题

【案例】

了解了网络稿件撰写的要求之后，小王就准备撰写文章了。小王先阅读了有关的各种资料，并进行分析、归纳，在这过程中使基本观点逐渐深化和成熟。小王先明确了以下问题。

(1)撰写稿件的主题。越来越多的大学生准备通过淘宝进行创业，希望该篇文章能够为他们提供一些借鉴、带来一些启示。

(2)稿件内容表述的层次结构。采用倒金字塔的结构形式。

2.拟订稿件撰写的提纲

【案例】

小王拟出了文章的提纲，内容如下。

(1)通过目前就业难的问题，来说明淘宝创业是大学生积累经验的一个很好的选择。

(2)总结小贾淘宝创业的经验。

(3)总结小贾对大学生淘宝创业的建议。

(4)强调淘宝创业的优势及意义。

3.起草文章

【案例】

稿件的撰写需要开宗明义、紧扣主题、观点鲜明、选材得当、文字简练，交代问题要清楚。依照这些写作原则，小王起草了文章内容，如下所示。

最适合大学生的创业方式：淘宝开店

随着高校招生规模的不断扩大，大学生就业难已经成为一个突出的社会问题。为了提高自身竞争力，在步入社会之前积累工作经验成为很多大学生的选择。哪种工作比较适合在校大学生呢?淘宝创业是在校大学生积累经验的一个很好的选择。

贾先生两年前大学毕业，在校期间他就开始利用淘宝网店进行自主创业。现在贾先生的淘宝店可以每月有2万多元的盈利。贾先生结合自己淘宝创业的亲身经历和经验，为准备利用淘宝创业的大学生提出了一些建议。

他坦言，产品及受众群的定位是淘宝店定位的重点。在没有价格和信用优势的情况下，可通过提供良好的服务来留住顾客。在创业过程中遇到资金、货源、管理等困难和问题时，特别需要努力坚持。当与顾客产生矛盾后，不要让顾客感觉吃亏或上当受骗，要以积极、诚恳的态度与顾客进行沟通。

新手在确立淘宝创业的目标时，他建议："要放松心态，不要急功近利。万事开头难。首先要做的就是坚持，接着就是每天制定目标，每天进步一点点，过段时间再回头看，你会发现已经前进一大步了。"最后他对即将毕业的大学生说："要做自己感兴趣的工作，这样你在遇到困难时才不容易动摇，才愿意克服一切坚持下去!"

2005年，阿里巴巴开放了淘宝平台，点燃了大学生们的创业热情。号称"老板培训营"的义乌工商职业技术学院在2007年创办了首个"淘宝班"，2008年，有超过1200名学生在网上进行互联网销售，其中获得钻石级的学生就有400多名。淘宝网2009年推出学生频道，鼓励大学生在淘宝开店创业。如今，面对就业的压力，越来越多的大学生开始考虑自主创业。

淘宝创业门槛低，时间自由、灵活，还可以发挥大学生的知识优势，非常适合在校大学生。在淘宝的创业经历不仅可以积累财富和工作经验，更为以后的自主创业和个人发展提供了契机。

4.检查、修改稿件

【案例】

小王写完草稿后，便认真审读和修改内容辞章方面的错误。主要修改了正文中第二段的内容，增加了小贾从哪些方面分享了他自己总结的经验。再次审读、检查，没有问题后即可确定文字内容。

最后撰写的文字内容如下：

最适合大学生的创业方式：淘宝开店

随着高校招生规模的不断扩大，大学生就业难已经成为一个突出的问题。为了提高自身竞争力，在步入社会之前积累工作经验成为很多大学生的选择。哪种工作比较适合在校大学生呢？

淘宝创业是在校大学生积累经验的一个很好的选择。

贾先生2年前大学毕业，在校期间他就已开设淘宝网店进行自主创业，现在贾先生的淘宝店每月能有2万多元的盈利。作为一个成功的淘宝店主，贾先生从如何为淘宝店定位、如何留住顾客、如何解决与顾客间的矛盾等方面分享了他自己在创业过程中总结的经验，并为准备利用淘宝创业的大学生提出了自己的看法和建议。

他坦言，产品及受众群的定位是淘宝店定位的重点。在没有价格和信用优势的情况下，可通过提供良好的服务来留住顾客。在创业过程中遇到资金、货源、管理等困难和问题时，特别需要努力坚持。当与顾客产生矛盾后，不要让顾客感觉吃亏或上当受骗，要以积极、诚恳的态度与顾客进行沟通。

新手在确立淘宝创业的目标时，他建议："要放松心态，不要急功近利。万事开头难。首先要做的就是坚持，接着就是每天制定目标，每天进步一点点，过段时间再回头看，你会发现已经前进一大步了。"最后他对即将毕业的大学生说道："要做自己感兴趣的工作，这样你在遇到困难时才不容易动摇，才愿意克服一切坚持下去！"

2005年，阿里巴巴开放了淘宝平台，点燃了大学生们的创业热情。号称"老板培训营"的义乌工商职业技术学院在2007年创办了首个"淘宝班"，2008年，有超过1200名学生在网上进行互联网销售，其中获得钻石级的学生就有400多名。淘宝网2009年推出学生频道，鼓励大学生通过在淘宝开店创业。如今，面对就业的压力，越来越多的大学生开始考虑自主创业。

淘宝创业门槛低，时间自由、灵活，还可以发挥大学生的知识优势，非常适合在校大学生。在淘宝的创业经历，不仅可以积累财富和工作经验，更为以后的自主创业和个人发展提供了契机。

5.审核后定稿

【案例】

文字内容确定后，小王还要考虑是否为文字内容配置图片。小王挑选了1幅小张拍摄的照片，该照片经过裁剪、调整饱和度、美化等处理后放置在文章正文之上。

小王将完成的采访稿交由小贾审核、确认。之后小王就将最终确定的稿件交由领导审核。

知识要点

1.消息的写作要求

(1)消息标题。消息的传播效果如何，很大程度上取决于消息标题是否醒目、标题思想是否鲜明、标题语言是否生动等。消息标题的写作要求如下。

①内容要具体。所谓具体，就是首先必须用事实说话。这些事实主要包括什么人、什么事、什么话、什么时候、什么地点、什么原因、什么结果。其中，在标题中用得最多、起主导作用的是什么人和什么事，这是每一个消息标题所必须具备的最基本因素。

②概括要准确。消息标题要准确地表达其内容，标题就是消息内容的浓缩。好的标题既是消息全文的纲要，提挈全文，又能凝聚全文、表明态度和观点，帮助读者正确理解它、重视它。

③观点要鲜明。消息标题要有鲜明的导向性。鲜明指的是标题通过对新闻事实的选择、揭示和评价，表现出来的立场和观点要明确，不能模棱两可、含含糊糊。在强调标题鲜明的同时，还要防止主观片面导致说话过头。标题在某些情况下，也要讲究含蓄。

④表述要生动。消息标题在准确的基础上应当尽量制作得生动形象，有可读性。生动形象，即要把原本刻板的东西变活。因此，需要借助多种表现手法和修辞方法。

⑤文字要凝练。即简洁而无赘言，重点突出，有的放矢。

(2)消息头。消息头又称电头，是新闻单位在发表新闻稿时，对消息来源的简要交代。它在正文之前或文尾以特定方式注明供稿源、发稿的时间和地点。其形式主要有"讯"与"电"两大类。

①讯是指记者通过邮寄或书面递交向本单位传递的新闻报道。

②电是指记者通过电报、电话、传真、电传、电子邮件等形式向媒体传递新闻报道。

(3)消息导语。消息导语是消息开头用来提示新闻要点与精华、发挥导读作用的段落。按表达方式不同，消息导语可以划分为以下形式。

①叙述式导语。是指用直接叙述的方法，把新闻中最重要、最新鲜、最生动的事实简明扼要地概括出来。这类导语朴实、具体，是比较常见的写法。

②描述式导语。对新闻事实所处的空间特征、时间特征以及某个细节问题加以简

要描述，可以给受众一种亲临现场的生动感。

③提问式导语。先提出问题引人思考，再写出新闻事件的主要事实。提问的目的在于激发受众的好奇心和求知欲，引导他们阅读全文。提问式导语常用在抓问题、谈经验的新闻中。

④引用式导语。援引文件、报道或人物谈话的部分内容，把最重要的意思加以突出。需要注意的是，引用的内容要在一定程度上能够反映报道的中心思想。引用式导语多用于谈话报道或某些公报式新闻。

⑤橱窗式导语。顾名思义，有如橱窗展示商品一样，橱窗式导语由典型事例构成。它多用于综合性新闻，其特点在于不是靠叙述、描写、提问、引用，而是靠讲故事吸引受众。写入导语的故事具有代表性，通过剖析典型事例，受众可以了解新闻事件的细微部分，获得具体印象，受到感染并为之感动，从而产生兴趣，进而由感性认识转入理性思考。

消息导语的写作要求如下。

①反映新闻事实。导语的任务就是开门见山地报道新闻事实，吸引读者。所以，要把最重要、最新鲜的新闻事实放在最前面。

②突出主体要素，即时间、地点、人物、事件、单位、原因、结果等。

③字句精炼，力求简短。有经验的新闻工作者一般会将导语的长度控制在80~100个字。一条导语应该只包含一个思想。此外，要使导语变短，还应注意不能把很多的单位名称、专业术语、人名和头衔一并写进导语；不要把导语写成全篇消息的目录，导语应只写主要的、能引出全文的事实；导语应少些细节和附属事实。

(4)消息主体。消息导语之后、结尾之前的部分称为主体，也有人称为躯干或正文。它包含的内容比导语丰富、详尽、充实，篇幅要比导语长。消息主体的写作要求如下。

①围绕一个主题选材。消息主体部分涉及内容较多，但选择和运用这些材料时要紧紧围绕导语确立主题，把那些与主体事实无关、对阐明主题无益的材料统统删除。

②合理安排材料层次。消息主体一般所占篇幅较长，常常由多个自然段构成。写主体容易犯层次杂乱的毛病，因此必须讲究材料层次的安排。可以按重要程度安排材料，即先说什么，后说什么；可以按事件发展的时间顺序安排材料；可以按逻辑顺序安排材料，即注意材料之间的因果关系、递进关系、主从关系。

③力求波澜起伏，防止罗列事实。消息写作应避免平铺直叙，简单罗列事实。为了增强消息的可读性，在展开主题时应该力求做到有起有落、曲折跌宕，而且文字表达上要灵活多样。

(5)消息背景。消息背景是指新闻事实之外，对新闻事实或新闻事件的某一部分进行解释、补充、烘托的材料。简言之，是对新闻人物和事件起作用的历史情况或现实环境。消息背景的写作要求如下。

①根据主体的需要选择典型的背景材料。所谓典型，就是最有说服力的背景材料，将新闻事实用典型的背景材料来支撑，才会挖掘出其深刻的内涵和底蕴。

②依据受众的需要选择背景材料。写消息需要站在受众的角度去选择背景材料，利用背景材料说明、解释受众不清楚、不理解的地方，如一些新生事物和新的科学技术，就需要更多的背景材料来进行解释和说明。

③巧妙穿插。背景材料往往是独立、静止的，要想把它用活，就要将其分解，或插入句子中，或插入段落中，或自成段落。背景材料受新闻事实和消息主体的调遣，是为了说明、补充、烘托新闻事实，哪里需要背景材料就在哪里使用背景材料。

(6)消息结尾。消息的主体部分已经将新闻事实交代清楚后，有时需要记者对新闻事实的整体和阐明的主题做一个小结的工作，即消息结尾。消息结尾对消息来说也是很重要的，由于结尾是最后进入受众眼帘的，所以受众阅读后会对结尾部分的印象十分深刻。常见的消息结尾方式主要有首尾关照、巧妙呼应，稍加议论、画龙点睛，自然抒情、水到渠成等形式。消息结尾的写作要求如下。

①顺势而行，忌草率拖沓。结尾并不是一则消息必须具备的，只要新闻事实交代得完整清楚，就不必再强求一个所谓的结尾。

②紧扣事实，忌空泛议论。有些记者在报道完新闻事实后，唯恐受众不能体会事实的意义，常常爱作一些空泛的议论，这些议论只能给受众留下一条空尾巴。

③令人回味，忌生硬说教。如果是文章完了，给受众的回味未完，能使人掩卷为之思索，给人强烈的印象。倘若在结尾处加上一笔生硬的说教，反而让人倒胃口。

2.消息的写作技巧

按照报道内容的类别划分，消息主要有会议消息、经济消息、社会新闻、人物消息等多种形式。每种形式的消息在写作技巧上既有共性，又各有特点。

(1)会议消息。会议新闻(消息)报道在新闻板块中占据着极其重要的位置。一篇成功的会议新闻报道，可以让受众及时地了解到政府的最新方针和动向，获取所需信息，这样的会议新闻往往具有很高的指导意义。会议是新闻媒体和新闻报道中不可缺少的一个信息源，会议新闻同其他新闻一样，也需要做精、做细、做活、做好，以满足受众的需求。优秀的会议新闻报道要求作者跳出既有框架，认真搜寻资讯，精心建构个性化框架，独辟蹊径地切入，艺术化地营构，才能写出可读性强的会议新闻。

①会议新闻报道的采访方法。

A.商务会议的采访。商务会议主要包括企业文化宣传、新产品推广及各种成果鉴定会、研讨会等，一些政府招商活动也开始进入商务会议领域。参访者参加此类会议需要事先查阅与会议主题相关的材料，如推广的产品，技术成果，产品技术是否先进、有无突破，商业价值和社会价值等。

B.工作会议的采访。工作会议包括各级党政机关等单位召开的各种代表会、专题工作会、讨论会、现场会等。在这类会议中，采访者需要摆脱程序性介绍，主要应发现和提取新亮点。如会议程序改革、会议代表的新成分、会议的新场景、会议代表提出的创新议案、会议通过的新决议等。要跳出会议看会议，体现百姓对会议的期望和要求。

C.各类集会的采访。集会主要包括演讲会、报告会、表彰会、座谈会、纪念会等，此类会议有宣传鼓动的性质。采访要突出主讲人、突出演讲主题、注重会议声势和气氛。

D.新闻发布会的采访。新闻发布会又称记者招待会，是一个社会组织直接向新闻界发布有关组织信息，解释组织重大事件而举办的活动。采访者参加新闻发布会能获得的材料包括：一是发布会记者通过提问得到的答复性材料；二是会议为记者准备的成品材料，主要是新闻通稿，另有支持新闻通稿的论据性材料。采访者不可仅仅通过会议组织者提供的材料撰写会议报道。

②撰写会议新闻报道主要有以下方法。

A.插曲法。抓住会议过程中有特色、引人注目的事件来写。

B.问答法。抓住读者普遍关心的问题，用一问一答的形式来组织报道。

C.提炼法。将领导在会议上演讲或报告中有新闻价值的观点、体会或意见提炼出来，突出报道。

D.切面法。从侧面入手进行会议报道。

E.跳出会外法。并不采写会议本身，也不正面入手寻找某一角度写会议，而是从会议之外采写与会议相关的某一新闻事件。

F.现场特写法。抓住富有典型意义的某个空间和时间，通过一个片段、一个场面、一个镜头，对会议做出形象化的报道。

(2)经济消息。经济消息是指以简洁明了的文字，快速及时地对经济领域中新近发生的有新闻价值的事实的报道。从报道内容看，经济消息所报道的是包括经济活动、经济信息、经济政策、经济管理、经济现象、经济观念等经济领域中的情况与问题；从报道的面来看，它包括工业、农业、商业、财政、金融、消费以及国内外市场等各个方面。

①经济消息的特点。

A.政策性强。许多经济消息是为了配合党和政府在一定时期内的经济政策做解释和宣传工作的，其内容本身就带有很强的政策性。一些报道经济工作动态、经济战线新人新事的经济消息，虽然不直接阐明政策条文，但也渗透着政策精神，具体体现着政策。

B.专业性强。在对经济领域发生的新情况、新经验、新政策进行报道时，往往要涉及一些业务性和技术性问题，如经济效益、产值、利润、措施方案等内容。

C.指导性强。经济消息的指导性主要体现在通过对政策的阐述、解释和对经济活动、经济现象的分析、评述来实现对群众经济活动的引导。

D.实用性强。经济消息的实用性主要体现在信息的服务上，首先是对市场宏观与微观、表层与深层、现状与未来发展预测的全方位的服务；其次是及时反映群众的呼声和要求，向群众传播生活和消费知识、提供解惑释疑的服务；最后是为政府决策部门制定和调整政策法规提供决策参考等。

②经济消息的写作方法。经济消息往往数据繁多，枯燥无味，致使记者容易把消息写死。撰写经济消息常用的方法主要有以下形式。

A.在经济消息中采用比喻和拟人化手法。比喻可以使抽象的经济事物变得具体，可以使枯燥的数据变得生动；拟人化手法可使死材料活起来，比那种单纯叙述成就、经验、数字的写法要好得多。

B.多使用谚语、俗语等来自受众的语言撰写经济消息。

C.经济消息的选材要尽量接近群众生活。

(3)社会新闻。社会新闻是涉及人民群众日常生活的社会事件、社会问题、社会风貌等的报道。社会新闻具有社会性、广泛性、生动性、趣味性、富有人情味等特点。社会新闻的内容应是健康的、有益无害的，并要具有一定的思想性，给人以启迪和积极向上的引导。需要注意，社会新闻新奇一些是必要的，但绝不能把新奇、刺激放在第一位。

撰写会议新闻时，需要结合媒体的定位，应多考虑从群众角度和生活角度进行报道。一要勤于研究，了解群众生活，了解群众的痛苦、冷暖、所想、所急；二是在掌握其政治、经济、社会等思想指导的前提下，分析其与群众生活、需求之间的关联点以及关联程度。这样的报道才能做到有的放矢，才能扩大其社会影响。

(4)人物消息。人物消息就是用消息的形式报道新闻人物，反映某个特定人物的思想和事迹的新闻体裁。人物消息在选材上，则抓取现实生活中人物活动的一两个场面、一两个镜头，充分地展示生活的横剖面，描绘比较细腻，感染力强。在结构上，既不同于一般新闻，也不同于一般人物通讯，常常用一个概括性的导语开头，点出部分事实要点；或从生动的情节、场面、引语入笔，但不透露太多，真正最重要、最精彩的东西放在后面，使读者看完全篇产生一种满足感。在角度上，选择一个特定的角度，仔细观察局部特征，选择一个侧面加以报道。

人物消息绝不是给人物写履历，不能面面俱到、一一罗列，更不能空泛评价，缺乏典型事例。人物消息的写作需要注意以下问题。

①报道人物消息一定要掌握报道的契机，讲明新闻根据。就是说，只有在人物身上出现新闻事件时，才能进行报道。

②人物消息不可能像人物通讯那样展开。它只能写人物事迹中的最精彩之处，用最精彩之处反映出人物的精神本色和个性特点。

3.网络稿件语言的要求

网络稿件同传统稿件一样，对于语言的要求，总体来说应该是准确、清晰、生动。但同时网络稿件的语言又不同于传统稿件的书面语言，它有着自己的特点，网络稿件语言的要求是按照网络传播的特点提出的。

(1)简短直白易懂。从网络传播的特点和网络受众的心理考虑，网络稿件的句式要短而又短，用词要精而又精。

①网络信息传播速度十分迅速，所以，网络稿件力求做到对某一事件的最新情况进行报道。这就要求网络稿件更具时效性，短文章无疑会为此提供便利。

②网上信息繁多，网民很难有耐心反复细看，斟酌文章的含义。虽然可以重新点击，回过头来再阅读，但多数网民不会这么做，他们往往又被新的信息吸引，所以受众易于接受短文章。短文章往往内容集中、主题突出，又便于受众记忆。

③由于网络阅读速度低于传统纸质媒介，所以，网络稿件信息必须做到文章短、段落短、句子短，以便于受众在网页上阅读，减轻疲劳感。

④网络稿件的文字应该避免晦涩的词语，因为受众没有时间仔细琢磨这些难懂的词语。

⑤网络稿件的文字应该以朴实为主，过于花哨的文字容易让人生厌。

(2)可扫描性。面对海量的信息，受众更渴望在最短的时间内用最快的速度了解自己生存环境发生的最新变化。因此，网络稿件信息应该具有可扫描性，即可以让受众在鱼龙混杂的众多信息中迅速找到那些重要的信息。为此，既可以将某些重要内容用某些方式突出，如加粗、彩色、荧光、特殊字体等，也可以利用表格、结构图、示意图等方式将要点列出，还可以利用多媒体技术为稿件添加音频、视频等，以增加稿件的视听效果。

习题与思考题

1.分析一家典型的商务网站内容原创的方式，依照教材中的示例，完成以下任务。

(1)浏览网站信息。

(2)分析各网站原创内容的发布形式。

(3)分析网站进行内容原创的方式。

2.浏览3～5家企业博客、企业微博的主要内容，完成以下任务。

(1)体会企业博客及企业微博的作用及特点。

(2)分析企业博客及企业微博的管理方式。

3.针对校内发生的重要事件，找到当事人进行采访。依照教材中的示例，完成以下任务。

(1)明确采访目的。

(2)准备资料。

(3)预约采访。

(4)策划采访。

(5)实施采访。

(6)总结采访。

4.使用电子邮件对你的朋友或同学进行一次采访，采访内容自定。依照教材中的示例，完成以下任务。

(1)明确采访目的。

(2)准备资料。

(3)预约采访。

(4)策划采访。

(5)实施采访。

(6)总结采访。

5.结合本项目任务三中的采访内容，撰写一篇网络稿件。

6.请依照教材中的示例，完成以下任务。

(1)明确文章主题。

(2)整理和分析资料。

(3)选择文章的表述方式。

(4)拟订文章提纲。

(5)起草正文。

(6)检查、修改稿件。

7.自我评估练习。

(1)网络原创内容有哪些特点?

(2)网络稿件语言的要求有哪些?

(3)消息的构成部分有哪些?

8.讨论题。

原创内容对商务网站的发展具有重要的影响。以小组为单位,讨论如何提升商务网站的原创性。

9.评论题。

选取3~5家商务网站,浏览它们某一天的原创资讯信息,对它们原创内容发布的形式及进行内容原创的方式进行比较、分析。

10.简答题。

(1)网络原创内容的方式有哪些?

(2)简述各种采访方式的操作要点。

(3)消息的导语有哪些类型?

(4)消息背景的作用有哪些?

(5)消息有几种结尾方式?

(6)消息写作有哪些技巧?